Peter Hattwig und Jens Waldeck

Die UFO-Drohne

ein Lehrgang in außerirdischer Technologie

Peter Hattwig und Jens Waldeck

Die UFO-Drohne

ein Lehrgang in außerirdischer Technologie

Umschlagentwurf und Seitengestaltung
Peter Hattwig

Bibliographische Informationen der Deutschen Nationalbibliothek:
Die Deutsche Nationalbibliothek verzeichnet diese Publikation
in der deutschen Nationalbibliographie;
detaillierte Daten sind im Internet unter http://dnb.d-nb.de abrufbar

Herstellung und Verlag:
BoD - Books on Demand, Norderstedt

ISBN 978-3-73474091-6

Inhalt

Vorwort

Seit dem sagenumwobenen Absturz eines unbekannten Flugobjekts bei Roswell in New Mexico wird immer wieder behauptet, dass die USA im Besitz mindestens einer so genannten „Fliegenden Untertasse" seien, wenn es auch „nur" eine abgestürzte ist. Außer dem Flugobjekt seien mehrere Leichen geborgen worden, die bis heute versteckt würden. Aussagen von damaligen Augenzeugen, die zwischenzeitlich alle verstorben sind, wurden von der US-Regierung mit dem Hinweis dementiert, dass es sich um einen Wetterballon mit Radarreflektor gehandelt habe. Für eine weitere Zurückweisung der Gerüchte sorgten die UFO-Skeptiker, die bis heute den Gedanken unerträglich finden, dass es überhaupt Außerirdische geben könnte. In ihrer Argumentation wurden sie von den Menschen unterstützt, die in Zeiten des Kalten Krieges auch nicht mit dem Gedanken leben konnten, dass fremde Flugobjekte unkontrolliert in den Luftraum der USA eindringen konnten.

Weitere Hinweise auf den Besitz außerirdischer Flugobjekte gibt es aus dem Jahr 1954, als Präsident Eisenhower auf der Luftwaffenbasis Muroc in Kalifornien ein Treffen mit Außerirdischen gehabt haben soll, bei dem ihm mehrere scheiben- und zigarrenförmige Flugkörper gezeigt worden seien. Er habe Gespräche mit Außerirdischen geführt, die ihm in englischer Sprache gesagt haben sollen, sie wollten ein Umerziehungsprogramm für die Menschen der Erde beginnen und diese über ihre Gegenwart informieren [El]. Präsident Eisenhower hatte Bedenken gegen die Pläne der Außerirdischen, weil die Menschheit seiner Ansicht nach nicht auf derartige Kontakte vorbereitet sei. Angeblich seien den Amerikanern in diesem Zusammenhang mehrere Flugobjekte geschenkt worden, die zur eingehenden Erforschung nach Area 51 in Nevada gebracht wurden.

Die Gerüchte erhielten Auftrieb, als im Jahr 1989 ein Physiker namens Robert „Bob" Lazar vor die Presse trat und frei erzählte, dass er auf dem bekannten Stützpunkt in Nevada gearbeitet habe und an der Erforschung von Antriebstechniken diskusförmiger Flugobjekte beteiligt war. Er berichtete von einem auf der Erde unbekannten ultraschweren Element 115, das zum Antrieb verwendet werde. [La]. Auch Bob Lazars Bericht brauchte nie dementiert zu werden, denn ihm fehlten für seine kühnen Behauptungen schlicht und ergreifend die Beweise.

Ein anderer UFO-Zwischenfall ereignete sich in Kecksburg, Pennsylvania, als dort im Jahr 1965 ein Objekt mit glocken- oder eichelförmigem Aussehen und „so groß wie ein VW-Käfer" niederging. Das Objekt sei geborgen worden, nachdem das Gelände großräumig vom Militär abgeriegelt worden ist, und ist seitdem verschwunden. Offiziell heißt es, dass es sich um einen Meteor oder abstürzenden Satelliten gehandelt habe, der über sechs US-Bundesstaaten hinweg gezogen sei. Zeugenaussagen über die Form des Objekts wurden großzügig ignoriert.

Von einer ganz anderen Seite wird das UFO-Phänomen durch Nahbegegnungen der „vierten Art" [Hy] beleuchtet, bei denen die Zeugen behaupten, dass sie von UFO-Insassen abduziert (entführt) und medizinisch untersucht worden seien. Unzählige Menschen berichten, bei den Abduktionen auf Raumschiffen gewesen zu sein. Eine wissenschaftlich anerkannte Dokumentation zu diesem Thema lieferte der inzwischen verstorbene Psychiater John E. Mack [Ma] der Havard-Universität, indem er 14 Abduzierte zu Wort kommen ließ und ihre Aussagen analysierte. Verdienste um die Aufdeckung des Phänomens hat sich darüber hinaus der New Yorker Künstler Budd Hopkins erworben, der viele Entführte untersucht und Implantate im Körper von abduzierten Personen entdeckt hat. Es gibt Gerüchte, dass bestimmte amerikanische Kreise die Abduktionen geduldet haben, indem sie im Gegenzug mit Technologie versorgt wurden. Urheber des Gerüchts ist der zuvor genannte Physiker Bob Lazar, der in Nevada an Flugobjekten gearbeitet haben will. Er sagte, dass die Lieferanten der Flugscheiben die grauen Wesenheiten seien, die auf dem 4. Planeten von Zeta Retikuli 2 beheimatet seien.

Die Frage nach außerirdischen Flugobjekten im Besitz der USA bekam eine neue Dimension, als im Jahr 2008 in Kalifornien, Alabama, Arizona und anderen Teilen der Welt von mehreren Zeugen mysteriöse bizarr wirkende Flugobjekte gesichtet und fotografiert wurden, die bis heute nicht identifiziert werden konnten. Bei sehr oberflächlicher Betrachtungsweise konnte man Ähnlichkeiten mit unbemannten Fluggeräten, als Drohnen bekannt, ausmachen, weshalb sie im Folgenden als UFO-Drohnen bezeichnet werden. Sie sind Gegenstand des Buches. Mit militärischen oder zivilen Drohnen der Menschen haben sie keine Gemeinsamkeiten, wenn man sie einer genaueren Analyse unterzieht. Seit Beginn der Veröffentlichungen meldeten sich insgesamt 16 Personen, die — bis auf eine — anonym bleiben wollten, da sie um ihre Sicherheit fürchteten.

Den Gipfel bildete die Veröffentlichung eines Briefes im Internet, in dem ein Zeuge behauptete, an der Erforschung von Fluggeräten außerirdischer Herkunft beteiligt gewesen zu sein. Als Beweis veröffentlichte er geheime Untersuchungsberichte über die Flugfähigkeiten der Objekte mit Hilfe von Antigravitation, über ihre Fähigkeiten zur Tarnung bis hin zur Unsichtbarkeit und über eine Telekommunikation, die nach den Regeln der Magie und nicht nach den Gesetzen der Digitaltechnik und des Elektromagnetismus funktionierte.

Von Anfang an hatten wir keine begründeten Zweifel an der Glaubwürdigkeit der Aussagen. Es gab zu viele Indizien, die für die Echtheit sprachen, und es gab keine Schwachpunkte, durch die ihre Argumentation als Ganzes hätte entlarvt werden können. Daran änderte sich auch nichts, als Fälscher und Trittbrettfahrer auf den Plan traten und die Aussagen der Zeugen zu untergraben versuchten.

Die Inhalte der Aussagen der von dem Phänomen der UFO-Drohnen Betroffenen werden von daher als Fakten in einer natürlichen Einstellung entgegengenommen. Dabei geschieht eine Einklammerung, ein Zurückstellen von Vorwissen in Form von Vorannahmen, Vorurteilen und theoretischem Wissen. Im Sinne des modellabhängigen Realismus nach Hawking wären auch gleichberechtigt andere Interpretationsmöglichkeiten der hier geschilderten Vorfälle möglich (z.B. dass es sich um einen Jux handelte). Vom pragmatischen Gesichtspunkt aus betrachtet wählt der heutige Wissenschaftler jedoch die Hypothesen, die sich am zielführendsten erweisen. In unserem Falle wäre das die Annahme einer außerirdischen hochentwickelten Technologie, die niemand im Ernst bezweifeln kann. Zudem gehen wir von dem neurowissenschaftlich begründeten Präkonzept aus, dass es sich bei den Schilderungen um Erinnerungen an Erlebnisse und nicht um die Erlebnisse selbst handelt. Erinnerungen verändern sich im Laufe der Zeit und je öfter geschildert wird.

Daher haben wir uns entschlossen, die Ereignisse und Erkenntnisse in diesem Buch so zusammenzufassen, wie sie sich uns zeigen.

Dr. Peter Hattwig
Dr. Jens Waldeck   Dezember 2014

1. Geheimnisvolle Flugobjekte

nicht nur in den USA

von Dr. Peter Hattwig

1.1 Der Fall „Chad"

„Chad" war der erste, der sich über das Internet meldete. Unter der Überschrift „Strange Craft" (etwa „fremdartiges Fluggerät") brachte der für seichte Unterhaltung bekannte amerikanische Radiosender „Coast to Coast AM" [CC] am 12. April 2007 in seinem Internet-Portal ein mit Fotos gespickten Bericht eines unerkannt gebliebenen Einsenders, der sich als „Chad" bezeichnete: *„Im April 2007 beobachteten meine Frau und ich während eines Spaziergangs ein sehr fremdartiges Flugobjekt. Meine Frau fotografierte es mit ihrer Handykamera. Ein paar Tage später machten ein Freund und ich weitere Aufnahmen mit einer richtigen Kamera. ... Das Flugobjekt bewegt sich still, sanft und langsam, bis es sehr schnell von einem Augenblick auf den anderen aus dem Blickfeld verschwindet. Im Augenblick möchte ich nicht sagen, wo ich mich befinde. Um alles in der Welt möchte ich wissen, was das ist."*

Der Autor spricht von einer tiefen Verunsicherung und fährt in einer späteren Nachricht fort: „*Erst einmal: Ich habe das Ding sehr oft gesehen, so etwa acht Mal. Meistens sehe ich es durch das Fenster meines Hauses, in einiger Entfernung, aber auch bei meinen Wanderungen, da habe ich es sehr nahe erblickt. Man kann es sehr leicht fotografieren. Die meisten meiner Nachbarn kennen es auch. Es macht so ein knisterndes Geräusch, das schwer zu beschreiben ist. Manchmal hört man auch ein leichtes Brummen, auf keinen Fall vergleichbar mit einem Düsenflugzeug. Es bewegt sich wie ein Insekt, ähnlich wie ein Insekt über einem Teich. Meist bewegt es sich langsam, dann dreht es sich schnell und fliegt in eine ande-*

re Richtung, hält wieder an und wiederholt das Flugmanöver. Auf jeden Fall ist seine Bewegung sehr unnatürlich". Der Zeuge beklagt weiter, dass er in den letzten Wochen vier Mal von Kopfschmerzen geplagt wurde, obwohl er sonst keine habe. Schlimm für ihn ist, dass seine Frau schwanger ist und er um die Gesundheit des Babys fürchtet.

Eine grobe Analyse der Bilder ergab als erstes eine vollkommen aus dem Rahmen fallende Form. Das Objekt bestand aus einem Ring, an dem ein großer und drei kleine Ableger im Winkel von 90° bzw. 45° angebracht waren. An der Unterseite des großen Auslegers konnte man unbekannte Zeichen erkennen. Auf dem Ring thronte ein geschwungener Drahtkäfig. Die außergewöhnliche, selbst für Science Fiction unübliche Form hinterließ viele Frage. Das Objekt besaß keinen erkennbaren Antrieb, weder in Form eines Propellers oder Rotors, noch in Form eines Düsenantriebs. Aus Zuschriften und aus Beiträgen in Diskussionsforen wissen wir, dass viele Skeptiker bis heute davon überzeugt sind, dass es sich um die geheime Neuentwicklung eines unbemannten Luftfahrzeugs handeln müsse, die im Englischen als UAVs = Unmanned Aerial Vehicles und umgangssprachlich als Drohnen bezeichnet werden. Solche Drohnen werden durch Propeller oder Düsentriebwerke angetrieben. Die Fotos zeigen jedoch, dass der Antrieb auf anderen Prinzipien beruhen muss. Dass das Flugobjekt eine ungewöhnliche Form besaß, mag noch akzeptabel sein. Allerdings gab uns von Anfang zu denken, dass es einen Drahtkäfig gleich einer Krone auf dem Ring trug, der den Verdacht nährte, es könnte sich um eine Einrichtung handeln, die der Erzeugung eines Feldes dient. Sollte es sich dabei um ein Antigravitationsfeld handeln?

Da das Objekt nicht identifiziert werden konnte, wurde es in deutschsprachigen Foren als UFO-Drohne bezeichnet, während die Amerikaner den Begriff „Dragonfly" = „Libelle" erfanden, was mit seinem Flugverhalten und seinem Aussehen zusammenhing.

1.2 Die Sichtung von Lake Tahoe

Es dauerte nicht mal einen Monat, dass sich eine weitere Person meldete. Über die Website von UFOcasebook [UC1] schrieb sie am 5. Mai 2007: *„Mein Ehemann und ich waren übers Wochenende in Lake Tahoe [einem See an der Grenze zwischen Nevada und Kalifornien — die Red.]. Am Samstag ungefähr um 19 Uhr ging ich hinaus zu meinem Auto, als ich dieses Ding im Himmel sah. Er war ziemlich nah, aber noch über den Bäumen. Während es sich nach rechts bewegte, drehte es sich. Ich war erschrocken und verwirrt. Ich wollte es fotografieren, aber die Kamera war im Haus, daher machte ich zwei Aufnahmen mit meiner Handykamera, bevor es über dem Dach des Hauses verschwand. Ich lief auf die andere Seite und rief meinen Mann. Er konnte es gerade noch sehen, wie es hinter einigen Bäumen verschwand, nicht besonders gut, aber ausreichend, um zu erkennen, dass das etwas ganz Außergewöhnliches war.*

Wir entschieden, um den See zu fahren, konnten es aber nicht wieder finden, auch am nächsten Tag nicht. Wir sind sicher, dass es auch andere Leute gesehen haben müssten, denn es war deutlich zu erkennen und sah sehr fremdartig aus. " Die Zeugin meinte, dass das „Ding" keine Geräu-

sche außer einem sehr, sehr schwachen Ton abgegeben habe, das man eher mit einem Vibrieren vergleichen könne. Zur Bewegung meinte sie, dass es sehr präzise geradeaus geflogen sei, jedoch hinter dem Haus, bevor es hinter den Bäumen verschwunden sei und eine scharfe Kurve gezogen habe. *„Es flog überhaupt nicht wie ein Hubschrauber oder ein Flugzeug, dazu war es viel zu exakt".*

Betrachtet man die Bilder, dann fällt sofort auf, dass es sich um das gleiche Objekt gehandelt haben muss, dem jedoch einer der kleinen Ausleger gefehlt hat.

Viel größeren Diskussionsstoff in diversen Internet-Foren bot jedoch die Qualität der Aufnahmen, die nach Aussagen der Zeugin mit der Kamera des Mobiltelefons gemacht wurden, aber nach Ansicht von Skeptikern ein Beleg dafür seien, dass die Fotos ein Jux und mithilfe eines Bildbearbeitungsprogramms am Rechner hergestellt worden seien. Das Foto entspricht in der Qualität einem Billig-Mobiltelefon aus der Zeit der Jahrtausendwende.

Das ist ein Standpunkt, den man nicht widerlegen, der von Kritikern aber auch nicht bewiesen werden kann. Warum sollte ein potentieller Fälscher ausgerechnet einen der vier kleinen Ausleger entfernt haben?

1.3 Der Zeuge „rajman"

Am 21. Mai 2007 stellte ein Zeuge vier Bilder ins Internet und meldete sich auch bei UFOcasebook [UC2]: „*In dieser Woche machten wir einen Besuch in Capitola* [eine Stadt in Kalifornien am Pazifik – die Red.]. *Wir saßen auf der Terrasse und aßen zu Abend, als wir das ‚Ding' am Himmel schweben sahen. Ich griff nach der Kamera, die ich noch draußen liegen hatte, und machte ein paar Aufnahmen. Das Objekt verschwand über dem Dach, also rannte ich auf die Straße vor das Haus, um weitere Bilder zu machen, ohne so zu flattern. Das Objekt kam etwas herab, und als es über den Telefonleitungen stand, gelangen mir ein paar mehr Bilder. Dann entfernte es sich ziemlich schnell.*

Einmal hielt ein Auto an – keiner der Autoinsassen wusste, worum es sich da gehandelt hat –, aber sie waren sichtlich geschockt. Sie sagten mir, ich solle mich an eine Nachrichtenagentur wenden, dann fuhren sie davon. Ich weiß nicht, ob es sonst noch jemand aus der Nachbarschaft gesehen hat, aber ich bin sicher, einige müssten es bemerkt haben.

Das war einfach ZU unheimlich...und es war viel zu nahe, als dass man es hätte übersehen können." Der Zeuge wies ebenfalls auf die unbekannten Schriftzeichen hin und meinte, dass er auch Hindi beherrsche, aber sie nicht entziffern konnte.

Erneut unterschied sich diese dritte Drohne von den vorigen, denn sie besaß anstelle eines Auslegers zwei bogenförmige Segmente an der Außenseite des großen Rings.

1.4 Die Sichtung des „Mr. Smith"

Angeregt durch die Aufsehen erregenden Fotos und Meldungen meldete sich über das Internet-Portal von Linda Moulton Howe [Ho] ein weiterer Zeuge, der schon ein Jahr zuvor ein seltsames Flugobjekt in Alabama aufgenommen hatte.

„Das Bild habe ich im Mai 2006 in Birmingham, Alabama, aufgenommen, wo ich ein Geschäft betreibe. Die verwendete Kamera ist eine Digitalkamera von Canon. Auf einmal hörte ich ein leicht summendes Geräusch wie von einem Transformator. Ich blickte mich um und schließlich

in die Höhe. Ich sah etwas, das wie ein elektrisches Gerät aussah, das aus einem Stecker rausguckte. Als ich mich bewegte, um besser sehen zu können, schien das ‚Ding' zu schwimmen. Ich kam für mich zum Ergebnis, dass dieser Effekt auf einem optischen Eindruck beruhte. Ich glaubte, dass es an den Stromleitungen angebracht war, ein Gerät, das zu dieser Konstruktion gehörte. Ich machte eine Aufnahme und ging weg, um jemand zu finden, der mir erzählen konnte, was das war. Als ich mich umdrehte, war das Ding weg. Es war ungefähr 15 Uhr. Die ganze Geschichte war merkwürdig, ich hatte keine Lust, in irgendetwas hineingezogen zu werden, und ließ die ganze Sache los.

Ich erinnerte mich wieder daran, als ich die Bilder im Internet bei „coasttocoast" sah. Das ist alles, was ich weiß, mit Ausnahme einer anderen seltsamen Beobachtung an diesem Tag. Ich sah zwei völlig gleiche

Leichtlastkraftwagen mit kastenförmigen Anhängern. Die Hänger sahen aus wie Wohnwagen mit dicken Reifen. Die Zugfahrzeuge und Hänger sahen seltsam neu und sauber aus und trugen keine Aufschrift. Der eine Zugwagen war schwarz mit einem weißen Hänger. Sie sahen wirklich seltsam aus. ... Ich weiß nicht, ob irgendein Zusammenhang besteht, aber es ging mir eine Zeit lang im Kopf herum. "

Die Sichtung muss zweifellos in die Reihe der bisherigen Sichtungen eingereiht werden, obwohl das Flugobjekt sich doch erheblich von den bisherigen unterscheidet. Der geringste gemeinsame Nenner ist die Struktur, bestehend aus einem Ring und einem Ausleger. Ein weiteres typisches Merkmal, der Drahtkäfig oberhalb des Rings ist auf dem Foto nicht zu erkennen, da das Bild von unten gemacht wurde. Die Mitte des Rings, durch den der blaue Himmel strahlt, ist tendenziell dunkler als die Umgebung, was darauf hindeutet, dass das Objekt einen Drahtkäfig besitzt. Der Ausleger hat trotz seiner andersartigen Form mit den bisherigen UFO-Drohnen gemeinsam, dass er aus zwei Teilen besteht. Allerdings ist nur einer statt vier oder fünf Auslegern vorhanden. Stattdessen sind am Ring um 90° versetzt zwei andersartige stummelförmige Ausleger angebracht. Auch der Ring unterscheidet sich an der Unterseite, denn er hat eine Art radialer Riffelung, die bei keinem der anderen Objekte zu sehen ist. Und noch ein Umstand fällt auf: Das Objekt steht über den in den USA weit verbreiteten Stromleitungen, genau so wie das Objekt von Fall „rajman".

Das folgende Bild stammt auch von Mr. Smith und zeigt den ihm seltsam vorkommenden Leichtlastkraftwagen mit Wohnwagen.

1.5 Das Big Basin und
die Sichtung von „Stephen"

Das Big Basin südlich von San Franzisco in Kalifornien war Schauplatz der nächsten UFO-Drohnen-Sichtung. Am 6. Juni 2007 meldete sich eine Frau beim Internet-Portal von www.ufocasebook.com [UC], dass bei einem privaten Fotolistenserver drei Bilder eines Mitglieds namens „Stephen" veröffentlicht worden seien, die ein großes Objekt zeigten. Der Fotograf habe Naturaufnahmen gemacht, und dabei sei es ihm gelungen, das Objekt zwei Mal scharf aufzunehmen. Sie habe sofort Ähnlichkeiten mit anderen Objekten gesehen, die in letzter Zeit veröffentlicht wurden. Sie kenne Stephen sehr gut und schätze ihn absolut seriös ein. Die Fotos seien mit einer Analogkamera aufgenommen und eingescannt worden.

Stephen selber schrieb: *„Hallo Freunde, gestern war ich im Big Basin …, um Natur- und Landschaftsaufnahmen zu machen. Ich wählte mir Blumen und Schilfgras vor dem Tal als Hintergrund. Beim Blick durch den Kamerasucher bemerkte ich in der Ferne etwas aus dem Nichts auftauchen. Ich blickte auf und erspähte dieses „Wer-weiß-was-für-ein-Ding", das in einiger Entfernung schwebte und sich langsam drehte. Reflexartig fokussierte ich das Objekt und machte eine Aufnahme. … Ein weiteres Bild konnte ich machen, bevor es mit einem Flackern verschwand. … Es tut mir leid, dass ich nur drei Aufnahmen habe, aber die Erscheinung dauerte nur wenige Sekunden. Am Wochenende will ich wieder ins Big Basin fahren und hoffe, dass ich begleitet werde, damit weitere Zeugen mich bestätigen können."*

Obwohl Stephen ausdrücklich nichts dagegen hatte, dass sein Name und seine E-Mail-Adresse voll genannt werden, taucht er im Internet-Bericht nur als „Stephen" auf.

Es überrascht sicher nicht, dass das Big Basin auch in Kalifornien liegt.

1.6 Das Big Basin und die Sichtung von „Ty"

Die amerikanischen Wissenschaftsjournalistin Linda Moulton Howe [Ho] erhielt nur zwei Tage nach der Veröffentlichung der Bilder von „Stephen" postalisch weitere Bilder dieser UFO-Drohne von einem Fotografen namens „Ty", dessen Identität Frau Howe auch bekannt ist. Die Bilder seien am frühen Nachmittag des 5. Juni gemacht worden. *„Das sind alle Bilder, die ich vom ‚Mutterschiff', wie ich es nennen möchte, während der Sichtung, die nur eine Minute gedauert hat, machen konnte. … An diesem Tag war ich mit sieben anderen Radwanderern im kalifornischen Big Basin, nahe Saratoga, unterwegs. Nach etwa 20 Minuten erschien auf einmal dieses auffällige Objekt am Himmel über uns, so etwa drei Kilometer entfernt. Wenn ich sage, das Ding erschien, dann ist das wörtlich zu nehmen. Es tauchte aus dem Nichts auf. Es drehte sich langsam, wechselte jedoch mehrfach die Drehrichtung. Möglicherweise hat es sich auch leicht bewegt, aber war von unserem Standpunkt aus schwer auszumachen. Auf jeden Fall hat es in der Luft gestanden. Auf einmal ist es kurz verschwunden, so als ob man es ausschalten würde. Ich will mich nicht mit einer umständlichen Beschreibung aufhalten, da die Fotos für*

sich sprechen. Es war auf jeden Fall sehr, sehr groß, und es wirkte, als ob es von der gleichen Stelle kam wie „Chads" Drohne. Es hatte das gleiche ‚kopfgestellte Quallen-Ding' obendrauf und ähnlich aussehende Ringstrukturen. Der Unterschied war, dass es lauter Zeugs drum herum hatte. Es hatte einen Haufen verschiedener Ringe, die mit einer Stütze in der Mitte verbunden waren, und eine lange Nadel, die aus der Mitte nach unten ragte, umgeben von großen gebogenen Röhrchen. ... Ich brauche

nicht zu erwähnen, dass es anstrengend ist, dieses Ding anzuschauen. Wir hielten kurz an. Alle waren starr vor Schreck. Ich versuchte an meine Kamera zu gelangen, war jedoch zu langsam. Das Objekt war weg, bevor ich ein Bild machen konnte. Von dem Augenblick an hängte ich die Kamera um mein Handgelenk. … Danach standen wir wie erstarrt da. … Wir diskutierten eine halbe Stunde lang, was wir wohl gesehen hatten. …

Wir machten uns wieder auf den Weg, als das Objekt erneut erschien. Dieses Mal war es wohl eineinhalb Kilometer näher dran. Es stand still in der Luft, so dass wir beschlossen, so nahe wie möglich heranzufahren. Aber es stand nur einen Augenblick da, denn nach drei Sekunden war es wieder verschwunden. An dieser Stelle möchte erwähnen, dass es einen Ton von sich gab, aber weder beim Auftauchen noch beim Verschwinden ein Geräusch machte. Zusätzlich vernahm man so eine Art niederfrequente Vibration, welche sich anhörte wie ein wirklich schrilles Klicken in bestimmten Abständen, so etwa alle fünf Sekunden. Es war ganz schwach, und man musste den Atem anhalten, um es zu hören.“

Einige Indizien deuten darauf hin, dass die beiden Personen Stephen und Ty identisch sind.

1.7 Die Sichtung im Yosemite Park

Linda Moulton Howe erhielt weitere Zuschriften von Personen, die das
Objekt zwar nicht fotografiert hatten, aber dennoch eine genaue Beschreibung abgeben konnten [Ho2]. Am 10. Juni war eine Zeugin mit ihren beiden Söhnen auf einer Campingtour im kalifornischen „Yosemite National
Park". Etwa eine Stunde vor Sonnenuntergang haben alle gemeinsam ein
Objekt unmittelbar über sich am Himmel auf der Höhe der Baumwipfel
gesehen. Auch dieses hat sich sehr langsam bewegt und beinahe genauso

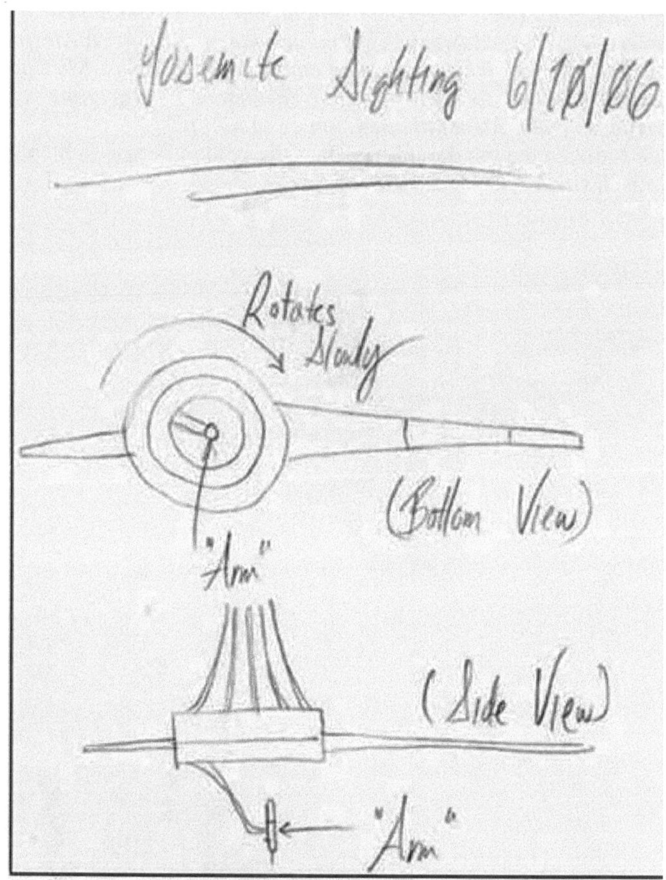

Sketches of unidentified aerial object seen on June 10, 2006,
at Yosemite National Park, California.

Skizze des nichtidentifizierten Flugobjektes
vom 10. Juni 2006 im Yosemite Nationalpark, Kalifornien

wie jene Objekte ausgesehen, die von den bisherigen Fotos bekannt sind. An Schriftzeichen auf seiner Unterseite kann die Zeugin sich nicht mehr zu erinnern.

Sie berichtet, dass sie ein leichtes statisches Knistern gehört habe. Als die Jungen das Objekt mit einem tragbaren Scheinwerfer anleuchteten, geschah etwas Merkwürdiges: Vom Licht getroffen setzte sich das Objekt in entgegengesetzter Richtung in Bewegung, um immer dann, wenn es erneut beleuchtet wurde, seine Richtung zu ändern. Sie machten dieses Spielchen drei oder vier Mal, als es dann völlig still stand, buchstäblich eingefroren, um sich danach langsam fortzubewegen. *„Ich muss schon sagen, es bewegungslos stehen zu sehen, war befremdlicher als es fliegen zu sehen"*, sagte sie. Als es fortflog, bewegte es sich wie ein Wasserinsekt. Die Zeugin beschreibt die ganze Sichtung als eher sonderbar denn erschreckend.

Als letztes erinnert er sich noch daran, etwa eine Stunde nach der Sichtung einen sehr hohen Ton gehört zu haben, der offenbar von weit her zu kommen schien. Ob dieser Ton jedoch mit dem beobachteten Objekt in Verbindung stand, kann auch die Zeugin nicht sagen. Kopfschmerzen, wie sie von anderen Personen beschrieben wurden, konnten die drei bei sich nicht feststellen.

1.8 „Ned White" – ein Zeuge ohne Foto

Der nächste Zeuge, der sich bei www.earthfiles.com [Ho] meldete, war ein 41 Jahre alter Elektroingenieur mit dem Pseudonym „Ned White", der bei einer pharmazeutischen Firma in Phoenix, Arizona, arbeitete. Er hatte das drohnenartige Flugobjekt bereits im Oktober 1995 über dem Sitgraves National Forest im US-Bundesstaat Arizona gesehen. Es entsprach dem über Birmingham fotografierten.

Bei einem Campingausflug am Willow Springs Lake nahe Payson bemerkte er in einiger Entfernung eine Anzahl von Personen, die er als „Gewehr tragende Militärs" beschrieb. Dann geschah etwas Merkwürdiges. *„Ich bemerkte, wie die Haare sich auf meinen Armen aufrichteten, wie ich das von starken elektrischen Feldern kannte. Und ich hörte ein Geräusch wie von einer Überlandleitung, so ein Knistern. Ich blickte nach oben und sah dieses merkwürdige Ding, das gerade über mir summte."* Nach seiner Ansicht entsprach es der einfachsten Form der Objekte. *„Als es an mir vorbeiflog, fühlte ich mich wie in der Nähe einer Überlandleitung. Ich konnte ein Knistern hören. Es war dicht über den Bäumen."* Ned versuchte, eine GPS-Peilung durchzuführen, bemerkte jedoch, dass der Anzeigeschirm aus- und anging und sich während der Anwesenheit des Objektes keine brauchbare Anzeige einstellte. Das Objekt flog etwa 7 Meter über ihm und beachtete ihn nicht. Beim Flug über die Baumspitzen sei es immer wieder „abgetaucht". Beim Richtungswechsel sei es regelrecht in die neue Richtung gehüpft. In der Nähe der Militärs habe es eine Zeit lang verweilt – diese hätten jedoch den Anschein erweckt, als ob sie sich über die Anwesenheit der Fluggerätes gar nicht im Klaren seien. Nach etwa zehn Minuten begann das Objekt aufzusteigen und schließlich außer Sichtweite zu fliegen.

Ned berichtete noch, dass er keine beweglichen Teile oder Antriebsaggregate erkannt habe. Immer wenn es sich bewegt habe, schien diese Bewegung vom „Flügel" auszugehen.

Für Ned war seine Sichtung ein, wie er sagt, beängstigendes Erlebnis. Dies sei auch der Grund, weswegen er bis heute mit niemandem darüber gesprochen habe. Auch habe er Angst, einfach nur zu falschen Zeit und am falschen Ort das Falsche gesehen zu haben und dass – würde seine Identität bekannt – ihm dieses Erlebnis „Probleme" bereiten könne.

1.9 Ein weiterer anonymer Einsender

Im Internet bei www.ufocasebook.com [UC] erschien ein weiteres Bild des mysteriösen Fluggeräts, das sich wiederum von den bisherigen unterscheidet. Leider ist auch hier der Einsender anonym geblieben und hat – im Gegensatz zu den bisherigen – keine weiteren Informationen über das Zustandekommen des Fotos gegeben. Auffällig ist das einem Hydranten

ähnelnde Gerät im Vordergrund, das möglicherweise der Steuerung der UFO-Drohne diente. Eine Einschätzung zur Echtheit ist schwierig, da Zeugenaussagen, die ein wesentlicher Bestandteil bei der Bewertung von UFO-Sichtungen sind, hier vollkommen fehlen.

1.10 Die Sichtung von „Cam"

Ein Jahr später stießen zwei Privatdetektive, die unterwegs waren, um die Urheber der Bilder zu finden, bei ihren Recherchen auf eine neue Zeugin, die eine weitere Variante der UFO-Drohne über dem kalifornischen Scotts Valley beobachtet hat. Die amerikanische Journalistin Linda Moulton Howe verbreitete auf ihrer Webseite [Ho] ein Interview mit der Zeugin, die sich anonymisiert „Cam" nannte.

Demnach fand die Beobachtung am 31. März 2008 gegen 10:15 Uhr statt, als die Zeugin in der Küche arbeitete, während ihr Freund Geoff im Garten beschäftigt war: *„Ich war gerade dabei, das Frühstück vorzubereiten ..., als ich plötzlich ich durch das Dachfenster eine Bewegung am Himmel bemerkte. Wir wohnen direkt unter einer stark beflogenen Flugroute, wo Flugzeuge kommen und gehen, deshalb dachte ich zuerst auch, dass es sich um ein Flugzeug handelte. Doch das Ding erschien mir sehr viel kleiner als ein Flugzeug wie etwa eine Boeing 747. Ich weiß, dass diese auf etwa 10 000 Metern Höhe fliegen – aber dieses Ding befand sich tiefer und deshalb dachte ich dann, dass es sich um einen Militärjet handelte.*

Plötzlich wurde mir klar, dass es kein Flügelpaar hatte und ich auch keinerlei Antriebsgeräusch hören konnte, obwohl ich die Fenster und Türen offen hatte und normalerweise Fluggeräusche hören kann. ... Dann bemerkte ich, dass es lediglich diesen langen Ansatz an einem runden Körper hatte. Zudem sah ich etwas, das ich für eine Art runden Schweif hielt. Ich erhob meine Hand, um ein Gespür für die Größe des Objekts zu bekommen ..., aber aufgrund seiner Höhe war es schwer, irgendwelche Vergleiche zu finden.

Später sah ich dann auf Fotos dieser ‚libellenartigen Drohnen', dass diese antennenartige Aufsätze auf der Oberseite des Ringes hatten. Derartiges habe ich nicht gesehen, was allerdings auch an der Höhe bzw. Entfernung liegen könnte.

Unmittelbar darauf bin ich nach draußen gelaufen und habe nach meinen Freund Geoff gerufen, damit auch er schnell nach oben kommen und nach diesem Ding schauen sollte. Genau wie ein Flugzeug, so dachte ich, hätte es eigentlich noch am Himmel stehen müssen, zumal es relativ langsam geflogen war – aber es war weg, und ich weiß nicht, wohin es verschwunden war. ..."

„Cam" kann sich nicht mehr genau erinnern, ob der runde Hauptkörper des Objekts massiv oder wie bei den anderen UFO-Drohnen ringförmig war. Die Oberfläche des Objekts erinnerte die Zeugin derweil an Edel-

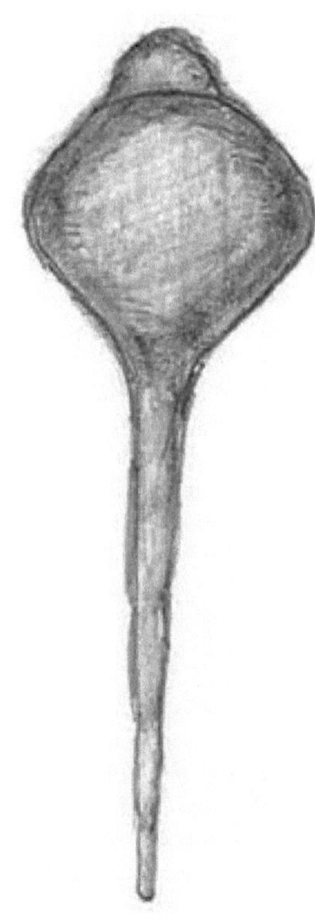

stahl. Unmittelbar nach ihrer Sichtung fertigte die Zeugin eine Skizze des von ihr beobachteten Objekts an (s. Abb.).

Auch einen Helikopter schließt „Cam" aus: *„Ich habe noch nie zuvor einen so großen und derart spitz zulaufenden Helikopter gesehen. Es war wirklich sehr lang, und der spitz zulaufende Teil war wesentlich länger als der runde Körper."*

Laut „Cam" glich das von ihr beobachtete Objekt am meisten jener UFO-Drohne, die 2006 über Birmingham im US-Bundesstaat Alabama fotografiert wurde.

Skizze einer Zeugin,
die sich „Cam" nannte.

1.11 Eine weitere UFO-Drohne in Arkansas

Linda Moulton Howe war im Januar erneut Anlaufstelle einer Zeugin, die von der Sichtung einer UFO-Drohne in Fort Smith, Arkansas, berichtete.

„Zuerst glaubte ich, einen Hubschrauber vor mir zu haben, dann stellte ich fest, dass das Objekt keinerlei Geräusch machte. Beim zweiten Blick bemerkte ich das drahtförmige Teil oben drauf." Dann schrieb sie in ihrem Brief, dass ihre Schwester Jane Smith, die im Nachbarstaat Oklahoma wohnt, die UFO-Drohne auch zwei Mal zu Gesicht bekommen habe. Die folgende Beschreibung stellt eine Zusammenfassung des Interviews dar, das Frau Howe geführt hatte.

Jane Smith, Hausfrau, wohnte in Hartshorne, Oklahoma, einer ländlichen Gegend, etwa 30 Autominuten von der Stadt entfernt. Die Sichtungen haben bereits im Juni 2003 stattgefunden. Sie berichtete, dass sie sich auf der Veranda befunden habe, als das Objekt in der Luft erschienen sei. Die Entfernung habe der eines vor ihr landenden Hubschraubers betragen, etwas mehr als 15 Meter über ihr. Die Zeugin konnte das Objekt nur schräg von unten sehen. Aus der Beschreibung ging jedoch hervor, dass es zu keinem bekanntem Objekt gepasst habe, in der Form bestenfalls zu einer Libelle, die aus einem Hauptteil mit Armen und Beinen und einem „spiraligen" Drahtteil oben drauf bestanden habe.

Die Farbe wurde mit zinngrau angegeben. Sie sagte, dass sie schwarze Schriftzeichen gesehen habe, die jedoch völlig fremdartig waren, sie bezeichnete sie „so etwa ägyptisch oder jüdisch". Das Objekt sei auf sie zu geschwebt und habe in der Luft still gestanden. Lediglich die Arme haben sich um das Hauptteil gedreht. Im Unterschied zu den bisherigen gemeldeten UFO-Drohnen sei das von ihr beobachtete Objekt mit Lichtern bestückt gewesen, die sich auf dem größeren Hauptteil, auf den Armen und dem „spiraligen" Käfig befunden haben. Die Lichter schwankten in ihrer Intensität, gingen aber nie aus. Die Größe wurde mit einer Fingerspitze auf den Spiralen oder größer auf dem Hauptteil angegeben.

Das Objekt habe ein summendes, brummendes Geräusch von sich gegeben, auf- und abschwellend.

Die Dauer der Beobachtung habe beim ersten Mal 45 Minuten bis zu einer Stunde gedauert. Danach sei es rückwärts weggeflogen und stufenweise verblasst, so als ob es niemals da gewesen wäre.

Die zweite Begegnung fand innerhalb einer Woche statt. Dabei war die UFO-Drohne jedoch weiter entfernt, so etwa 50 Meter, wie sich aus der vagen Angabe ergibt. Es habe sich jedoch um das gleiche Objekt gehandelt.

Auf die Frage, warum sie keine Zeugen hinzugezogen hätte, meinte sie, dass sie befürchtet habe, für verrückt erklärt zu werden.

In der Nähe befindet sich eine militärische Basis: McAlester Army Ammunition Plant (MCAAP), 30 Minuten entfernt.

Unter der Voraussetzung, dass die Zeugin die Wahrheit gesagt hat, kann man davon ausgehen, dass sie die gleiche Art von UFO-Drohne gesehen hat wie die Zeugen in Kalifornien. Sie hatte immerhin rund eine Stunde Zeit, das Objekt zu betrachten. Eine Verwechslung mit irdischen Flugobjekten kann aus diesem Grund ausgeschlossen werden. So viel technisches Verständnis sollte man der Zeugin zutrauen.

Auch dass die Sichtungen in den benachbarten Staaten Oklahoma und Arkansas und nicht in Kalifornien stattfanden, stellt keinen Widerspruch dar, denn auch die Sichtung des „Mr. Smith" fand in einem ganz anderen Teil der USA (Birmingham, Arkansas) statt.

1.12. Die „Ringdrohne"

Überraschenderweise tauchte anschließend ein älteres Foto vom 26. Juli 2002 mitsamt einem kurzen Bericht auf, das bereits im damaligen Jahr über das Meldeportal der amerikanischen UFO-Organisation MUFON [MU] hereingekommen ist. Es ist bereits 2002 veröffentlicht, aber damals nicht beachtet worden. Der anonyme Einsender schrieb dazu *„Das Objekt schwebte über dem Fluss nicht mehr als 30 Sekunden lang, rotierte leicht und verschwand. ... Ungefähr 10 Sekunden, bevor es verschwand, schien ein weiterer Ring aus der Mitte zu kommen, und in dem Augenblick habe ich das Bild gemacht, das Sie sehen. Eigentlich möchten wir nicht wissen, was es war, denn wir kriegen immer noch eine Gänsehaut. ... Den Namen des Flusses möchte ich nicht nennen, da wir unser Boot in der Nähe haben."*

    Es wäre ein Leichtes, das Bild als Fotomontage hinzustellen. Ich möchte den Beobachter auch nicht der Lüge bezichtigen, ohne die Hintergründe genauer zu kennen. Deswegen bleibt es hier stehen, ohne dass das Bild bewertet wird. Das im Internet gefundene Argument, dass sich das Objekt im Wasser spiegeln müsste, kann man bei der unruhigen Oberfläche des Flusses kaum aufrechterhalten. Zudem wäre das Spiegelbild außerhalb des unteren Bildrandes gewesen.

1.13. Die UFO-Drohne über Holland

Laut einer Leserzuschrift an das amerikanische UFO-Portal www.ufocasebook.com [UC] wurde im September 2007 ein merkwürdiges, drohnenartiges Flugobjekt am Himmel über dem niederländischen Petten gesichtet und fotografiert. Die zeitliche Nähe zu den amerikanischen UFO-Drohnen weckt Assoziationen, dass es sich um ein ähnliches Objekt gehandelt haben könnte.

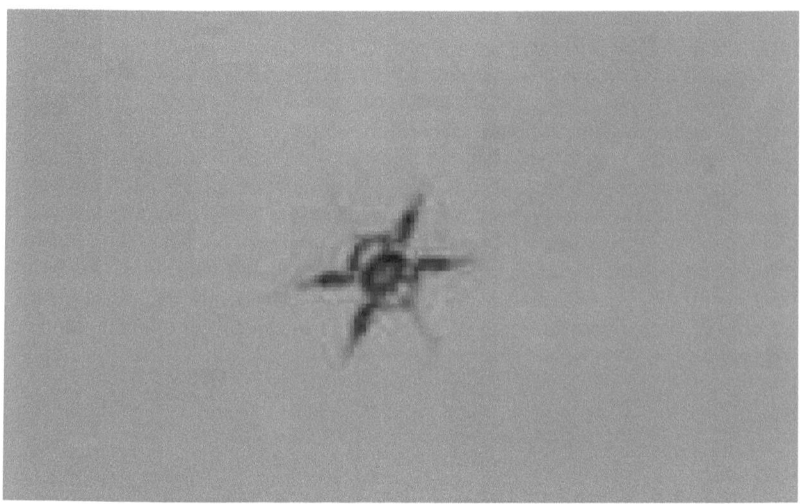

Der anonyme Fotograf erläutert zu seiner Aufnahme, dass er am 8. September 2007 gemeinsam mit seiner Frau nahe Petten in der niederländischen Provinz Noord-Holland beim Fischen war, als ihm etwas Merkwürdiges am Himmel aufgefallen sei: *„Ich konnte nicht sehen, was es genau war, da es zu weit entfernt war. Wir sahen es."* Die Flughöhe des Objekts schätzt der Fotozeuge auf etwa 300 Meter. Gemacht wurde das Bild mit einem 300-mm-Objektiv. Insgesamt habe er 12 Aufnahmen des Flugkörpers gemacht, dessen wirkliche Form er erst später am Rechner erkannt habe.

Das Objekt haben sie etwa eine halbe Stunde lang beobachten können, bevor es plötzlich verschwunden sei, ohne dass sie es hätten davonfliegen sehen. Weitere Meldung zu Fotograf und Bildern wurden nicht veröffentlicht.

Es ist nicht auszuschließen, dass es sich um einen so genannten Quadrocopter gehandelt hat, eine hubschrauberähnliche Drohne mit vier Rotoren.

1.14 Die UFO-Drohne über Argentinien

Die letztgenannte Aussage gilt auch für die folgende Sichtung. In San Rafael, in der argentinischen Provinz Mendoza wurde auch ein Flugobjekt unbekannter Herkunft gesichtet. Dies meldete das amerikanische Internet-Portal www.ufocasebook.com [UC], das sich auf einen Bericht der Zeitung „Diario San Rafael" bezieht.

Der Fotograf zog es vor, anonym zu bleiben, da er fürchtete, sich lächerlich zu machen. Obwohl er es anfangs ablehnte, Einzelheiten bekannt zu geben, erlaubte er später einem Freund, die Bilder in der örtlichen Zeitung von San Rafael zu veröffentlichen.

Das Objekt erschien erstmals am Samstag, den 23. August 2009 um 15 Uhr am „Club Nautical", als der Fotograf zum Ufer ging, um die Bedingungen zum Angeln auszukundschaften, denn er ist leidenschaftlicher Angler. Als er einen Blick über das Wasser warf, sah er knapp 100 Meter vom Ufer entfernt ein Objekt, das zu schwimmen schien. Es gab kein Geräusch von sich. Als er die erste Aufnahme mit seiner Handy-Kamera machte, schwebte es einen Meter über der Wasseroberfläche. Als er weiter fotografierte, begann das Objekt einen Summton zu erzeugen. Es übte Druck auf die Wasseroberfläche aus und begann zu steigen. Insgesamt schaffte er es, vier Aufnahmen zu machen, bevor das Objekt verschwand.

Fotofolge des Objektes über Argentinien.

Seine Gedanken fasste er folgendermaßen zusammen: *„Das fremdartige Objekt hat mich nicht erschreckt. Ich fand es aber interessant, denn ich glaube an außerirdisches Leben."* Der Zeuge meinte, dass jedermann seine eigenen Schlussfolgerungen ziehen müsse, aber er wisse, was er gesehen habe. Er war einfach nur glücklich, ein ungewöhnliches Objekt beobachtet und fotografiert zu haben.

Aus kritischer Sicht ist es naheliegend anzunehmen, dass der Zeuge eine als Hexacopter bekannte Drohne gesehen hat, die jedoch eine etwas ungewöhnliche Form zu haben schien.

Das argentinische Objekt weist Ähnlichkeit mit dem holländischen auf, auch wenn beide nicht identisch zu sein scheinen. Eine zweifelsfreie Analyse ist wegen der geringen Bildauflösung nicht möglich.

1.15 Ein Abduzierter als Zeuge

In „Whitley's Journal" auf seiner Internetseite [St] beschrieb Whitley Strieber, bekannter amerikanische Krimiautor, UFO-Forscher, Abduzierter und Experte für paranormale Phänomene, wie er des Nachts in Kalifornien Zeuge eines Objektes wurde, das den UFO-Drohnen vom Big Basin glich. Nach seinen Aussagen war es die erste Kontakterfahrung seit 1986. Seine Abduktionen hat er in dem autobiographischen Werk „Communion", im Deutschen „Die Besucher", festgehalten.

Whitley Strieber schrieb, dass er am 7. Dezember 2008 in Santa Monica war und zusammen mit seiner Frau Anne in der Wohnung eines Freundes übernachtet habe. In diesem Abend gingen sie gegen 23:30 Uhr schlafen. Die Nacht verlief ungewöhnlich störend, so dass er um 2:17 Uhr begann, eine E-Mail zu schreiben. Kurz danach ging er zurück zu Bett.

Um 4:53 Uhr wachte er wieder auf, weil er meinte, dass jemand zwei Finger seiner rechten Hand ergriffen habe. Seine Frau schlief auf der anderen Seite des Betts. Durch das Fenster konnte er auf den Himmel mit seinen stürmischen Wolken sehen. Die Jalousien waren zu drei Viertel geöffnet. Dann sah er auf einmal ein Objekt in niedrigen Höhe in Richtung Haus gleiten, das den „UFO-Drohnen" sehr ähnelte, die von einigen Leuten im letzten Sommer fotografiert worden sind.

Sein erster Gedanke war, dass es sich um diese Drohne handeln müsse. Die oberen Strukturen, die in einigen der Abbildungen sichtbar waren, konnte er nicht erkennen, jedoch das Mittelteil, als das Objekt in Richtung zu ihm hin schwebte. Es war nicht weit entfernt, möglicherweise gerade mal hundert Meter („a few hundred feet"). Er stand auf und sagte zu seiner Frau: *„Draußen vor dem Fenster steht eine Drohne"*. Während er zum Fenster ging, ergriff er sein Mobiltelefon, in der Hoffnung, Bilder zu schießen zu können. Aber als beide hinausschauten, konnten sie nur noch die Wolken sehen. Nach ein paar Minuten kehrten sie zurück ins Bett. Aber sobald er seinen Kopf auf das Kissen legte, konnte er das Objekt wieder sehen. Erneut ergriff er das Mobiltelefon und weckte seine Frau wieder auf. Sie hetzten zum Fenster und sahen auch dieses Mal nichts. Als er wieder im Bett lag, war das Objekt erneut sichtbar. Schließlich stellte er fest, dass es der Winkel war, der ihm ermöglichte, das Objekt zu sehen. Als er ein weiteres Mal das Mobiltelefon holen wollte, verschwand das Objekt, egal in welchem Winkel er guckte.

Whitley Strieber

Die auffälligste Sache, die er sah, war ein weißer Kreis auf einem rechteckigen Objekt, das direkt in seine Richtung zeigte. Es sah genau so aus, wie das Teil auf einem der Bilder, die im Big Basin in Nordkalifornien letzter Sommer aufgenommen wurden. Der einzige Unterschied war, dass der Kreis direkt in seine Richtung zeigte.

Die Sichtung von Whitley Strieber ist insofern bemerkenswert, als sie eine neue Komponente in die Thematik um die Drohne hineinbringt. Wenn ich davon ausgehe, dass der Autor die Wahrheit gesagt hat und auch die Berichte über seine Entführungen authentisch sind, dann ist seine Sichtung kein Zufall, sondern dann wurde er kontaktiert.

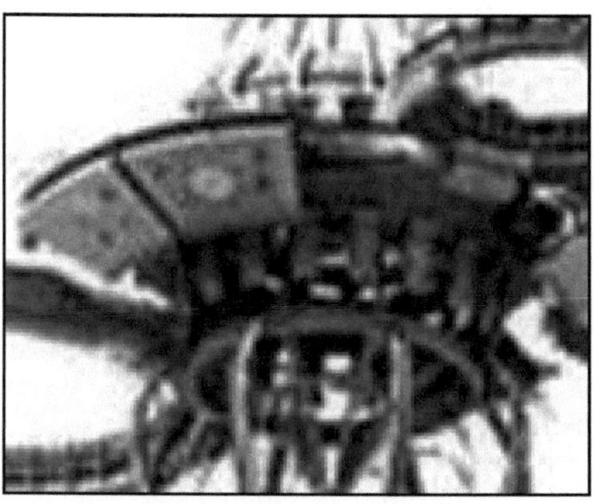

Das könnte W. Strieber gesehen haben
(Bild nach seinen eigenen Angaben)

1.16 Die UFO-Drohne auf dem Highway

Auf der Webseite http://www.ufo-blog.com (im Jahr 2013 nicht mehr aufrufbar) schrieb am 13. April 2010 der Herausgeber, er habe zwei Tage vorher von einer Frau eine E-Mail erhalten, die er nur zögerlich veröffentlicht habe, da er den Sichtungen der UFO-Drohne aus dem Jahr 2007 skeptisch gegenüber gestanden habe.

„Betreff: CARET-Dohne – Ich bin ein Zeuge

... Ich habe die „Drohne" bei Petaluma gesehen. Ihr Aussehen entspricht nicht genau den veröffentlichten Bildern, am ehesten kommt es an die Bilder von „rajman1977" heran. Im Jahr 2003 bin ich mit einem Freund auf dem Highway 101 nördlich von Petaluma am Pazifik in Richtung Healdsburg gefahren. Die Drohne flog etwa 30 Meter oberhalb der Straße. Wir waren nicht die Einzigen, die das Objekt sahen, auch andere Autofahrer mussten sie gesehen haben, denn sie verlangsamten ihre Geschwindigkeit. Sie war schiefergrau, bewegte sich mit der gleichen Geschwindigkeit wie der Autoverkehr genau über der Straße und drehte sich um eine Mittelachse. Mit einem Mal schwenkte sie um 180 Grad und zeigte ihre runde Seite von Süd nach Nord. Dann machte sie sich mit einer erstaunlichen Geschwindigkeit in nördlicher Richtung davon und war innerhalb von 30 Sekunden verschwunden.

Bis heute können mein Freund und ich uns nicht erklären, was wir gesehen haben, und wir können das Ereignis nicht vergessen. Ich glaube, dass es diese Drohnen wirklich gibt. Aus den erhaltenen Informationen weiß ich, dass sie in nördliche Richtung fliegen, beginnend und endend am Moffet Field in Palo Alto. Ich möchte wirklich wissen, was wir da gesehen haben. Ich arbeite an einem Bild des Objektes und versuche herauszufinden, was ich da gesehen habe. Es vergeht kaum eine Woche, in der ich nicht darüber grüble, was in aller Welt ich da gesehen habe. Wenn Sie irgendwelche Informationen über das Objekt kriegen, dann lassen Sie es mich bitte wissen, so wie wir auch Zeugnis über das Geschehen ablegen wollen"

Weitere Informationen und das angekündigte Bild sind nicht bekannt.

1.17 Zusammenfassung:
Gemeinsamkeiten und Auffälligkeiten

Aussehen:

Das Buch enthält 16 Berichte von drohnenähnlichen Objekten, die nicht identifiziert werden konnten. Sie weisen eine Reihe von ähnlichen Merkmalen auf, die sich in einer Systematik erfassen lassen (die Nummerierung entspricht den Kapitelnummern). Die Sichtungen in Holland und Argentinien (Fälle 13 und 14) wurden herausgenommen, da die Bilder und die Beschreibungen zu wenige Einzelheiten hergeben. Das Aussehen wirkt insgesamt bizarr und ist nicht an der Zweckmäßigkeit irdischer Flugobjekte orientiert, sondern scheint unbekannte Vorbilder zu haben. Die Form erlaubt auch keine Rückschlüsse auf ihre Verwendung, weder als Transport- noch als Aufklärungsobjekt, aus menschlicher Sicht eher als Experimentalflugkörper. Die Systematik zeigt, dass die Objekte vier Gemeinsamkeiten aufweisen:

1. Sie bestehen aus einem zentralen Ring, von dem es zwei verschiedene Varianten zu geben scheint:

die Variante A, von der fünf Fotoserien (Fälle 1 bis 3 sowie 5 + 6) und zwei Beschreibungen (Fälle 8 und 15) existieren, und

die Variante B, von der es zwar nur ein Foto (Fall 4), jedoch eine weitere Beschreibungen gibt (Fall 10).

Die Variante A hat jeweils eine Verzahnung auf der Außen- und der Unterseite und, schwach erkennbar, auch auf der Oberseite sowie an der Unterseite neun zinnenartige Vorsprünge;

Variante B hat eine auffällig breite und klobig wirkende „Verzahnung" oder Riffelung mit 16 Zähnen auf der Unterseite und genau so viele zinnenartige Vorsprünge.

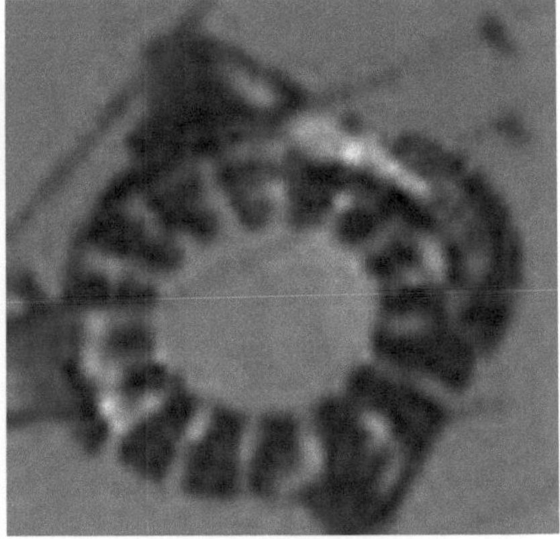

Ring mit Segment, Variante A   Ring, Variante B

Großer dreiteiliger Ausleger

Der Außendurchmesser des Rings beträgt bei den fotografierten Objekten etwa 1,5 Meter, wobei als Referenz im Vordergrund die Überlandleitungen dienten. Eine Hintergrundreferenz fehlt.

2. Die UFO-Drohnen haben mindestens einen großen Ausleger, dessen Länge bei Variante A etwa dem 2,5-fachen, bei Variante B etwa dem 1-fachen des Ringdurchmessers entspricht. Der große Ausleger ist bei Variante A in der Regel dreiteilig. Hinzu kommen bis zu vier kleinere Ausleger. Im Fall 3 sind zusätzlich zu den Auslegern zwei Segmente an Zentralring angebracht. Der Ausleger von Variante B besitzt eine zweigeteilte Form, und am Ring sitzen zusätzlich zwei Stummel und ein Segment. Die von „Stephen" und „Ty" (Fälle 5 + 6) gemeldeten Fälle haben vier weitere um den zentralen Ring angeordnete Ringe. Das als „Ringdrohne" bezeichnete Objekt (Fall 12) besitzt auch einen zweiten Ring, der unter dem zentralen Ring frei zu schweben scheint, aber genau so gut in Blickrichtung dahinter angeordnet sein könnte. Ob der zweite Ring schwebt oder mechanisch befestigt ist, kann aus dem Foto nicht abgelesen werden. Nach einem Bild (Fall 9) und einer Skizze (Fall 7) haben zwei UFO-Drohen auch einen nach innen und unten gerichteten Ausleger mit einem aufgesetzten Endstück.

3. Als auffälliges „Markenzeichen" kommt ein aufgesetzter geschwungener Drahtkäfig hinzu, der in neun Fällen fotografiert oder beschrieben wurde. Im Fall 4 (Variante B) ist er zwar nicht erkennbar, jedoch ist das Blau des Himmels innerhalb des Rings blasser als außerhalb, was auf die Existenz eines Käfigs hinzudeuten scheint (in Schwarzweiß-Wiedergaben nicht zu erkennen). Der Käfig besteht (nach meiner

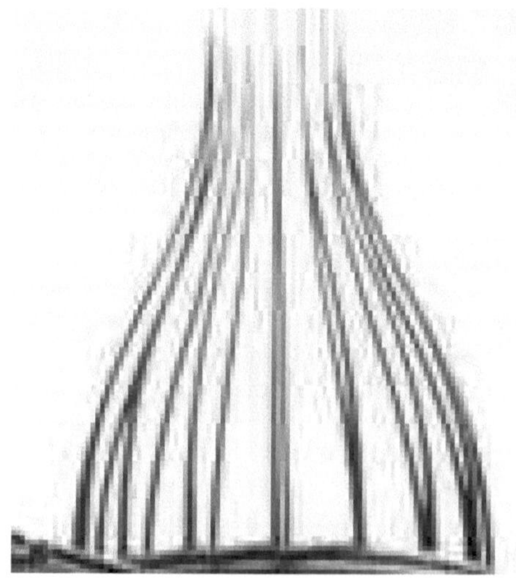

Aufgesetzter Drahtkäfig

Zählung) aus 15 gebogenen Stäben. Zwischen den Stäben befinden sich kurze Schlaufen. Das von Stephen und Ty fotografiert Objekt hatte unten einen weiteren Käfig aus gröberen Stäben. Die im Internet gemachte Aussage, dass der Drahtkäfig der Erzeugung eines unbekannten Feldes dient, ist nicht abwegig.

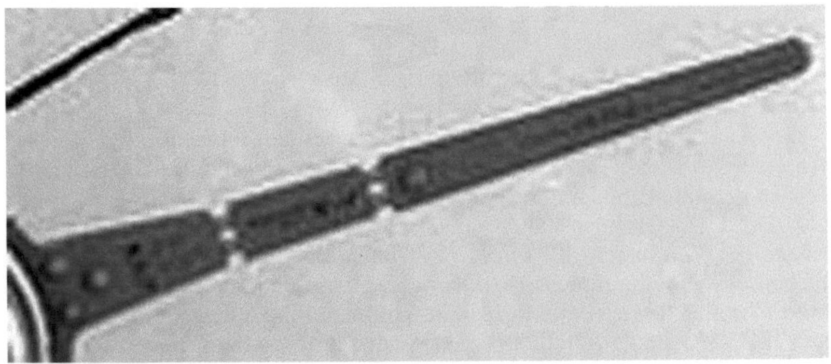

Ausleger mit Schriftzeichen, oben Fall 3, unten Fall 5

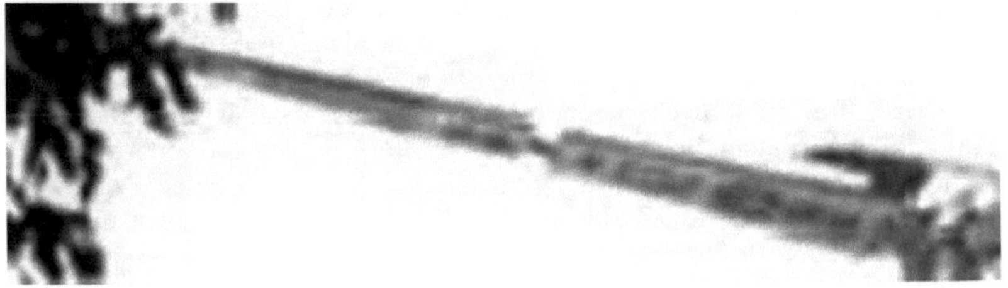

4. Auf der Unterseite sieht man auf den Bildern mit hoher Auflösung (Fälle 1, 3, 5, 6) Zeichen unbekannter Herkunft, die weder irdischen Schriften, auch nicht asiatischen, noch Kunstschriften aus der Science Fiction, zum Beispiel der „Klingonen"-Schrift aus Star Trek, ähnlich sind. Die Schriftzeichen werden Gegenstand weiterer Betrachtungen sein.

Antriebstechnik:
Die Flugobjekte haben keine erkennbaren Antriebselemente, wie Rotoren oder Strahltriebwerke. Aerodynamische Eigenschaften fehlen. Das Fehlen eines nach irdischer Technik funktionierenden Antriebs stellt die auffälligste Abgrenzung zu irdischen Flugobjekten dar.

Flugeigenschaften:
Ihr Flug gleicht mehr einer Libelle mit Schwebephasen und langsamen und sanften Drehungen und Vorwärtsbewegungen, die an das Flugverhalten des Insekts erinnern.

Geräusche:
Sie verursachen in keine lauten Geräusche, sondern mehr ein Summen-

Brummen oder Knistern. Der Zeuge „Ty" berichtete von einer niederfrequenten Vibration, welche sich anhörte wie ein kaum hörbares schrilles Klicken in Abständen von etwa fünf Sekunden.

Sichtungsumgebung:
Zwei der Objekte (Fälle 4 und 5) wurden in der Nähe von offenen Überlandleitungen fotografiert. Diese Tatsache ist später noch von Bedeutung, wenn es um die Tarnfähigkeit bzw. den Verlust der Tarnfähigkeit der Flugobjekte geht.

Beleuchtung der Objekte:
Die Zeugin in Arkansas (Fall 11) berichtete , dass das von ihr beobachtete Objekt mit Lichtern bestückt gewesen sei, die sich auf dem größeren Hauptteil, auf den Armen und dem „spiraligen" Käfig befunden haben. Die Lichter schwankten in ihrer Intensität, gingen aber nie aus. Die Größe wurde mit einer Fingerspitze auf den Spiralen oder größer auf dem Hauptteil angegeben.

Auswirkungen auf körperliches Befinden und Geräte:
Bei der Sichtung in Arizona (Fall 8) berichtete der Zeuge, der eine Nahbegegnung mit dem Flugobjekt hatte, von einem Aufrichten der Körperhaare wie in der Nähe von starken elektrischen Feldern. Er stellte außerdem fest, dass sein Navigator ausgefallen war. Ein anderer Zeuge (Fall 1) erzählte, dass er mehrfach Kopfschmerzen bekommen habe.

Beeinflussung der Objekte:
Bei der Beobachtung im Yosemite Park berichtete der Zeuge, dass er die Flugbewegungen der UFO-Drohne durch An- und Ausknipsen seiner Taschenlampe beeinflussen konnte.

Zeugen:
Von einem der Zeugen ist bekannt, dass er ein Abduzierter ist. Von den anderen sind keine weiteren Lebensumstände bekannt. Es ist jedoch auffällig, dass einige Zeugen die Objekte mehrfach gesichtet haben. Deutet das darauf hin, dass sie zufällig in der „richtigen" Gegend wohnten, oder dass sie die Objekte – aus welch Gründen immer – sehen sollten?

Beobachtungen aus dem Umfeld:
Zwei der Zeugen sagten, dass sie in der Nähe verdächtige Beobachtungen von militärischen Personen bzw. zwei auffälligen Kleinlastwagen gemacht hätten. Auf dem Foto des anonymen Einsenders (Fall 9) sieht man ein säulenförmiges auf einem Vierbeinstativ stehendes Objekt. Der Gedanke, dass es hierbei um eine Art Steuerpult handelt, ist nur eine Spekulation.

Sichtungsorte:
Neun der Sichtungen wurden aus Kalifornien gemeldet, und je eine aus Alabama, Arizona und Arkansas, Holland und Argentinien, wobei die letztgenannten Fotos nur eine bescheidene Qualität aufweisen und in der

Karte von Kalifornien mit Kennzeichnung der genannten Sichtungsorte
(siehe Pfeile)

Form den übrigen aus Kalifornien kaum ähnlich sehen. Wenn man die von den Zeugen in Kalifornien angegebenen Bereiche in eine Karte einträgt, dann stellt man zwei Konzentrationen fest: Vier der Örtlichkeiten liegen um San Franzisco bzw. südlich der Stadt, während zwei der Sichtungen aus dem Grenzbereich zu Nevada gemeldet wurden. Es sei noch erwähnt, dass sich das berühmt-berüchtigte Testgelände Area 51 ungefähr 320 Kilometer von dieser Grenzregion entfernt ist. Von einer der aussagekräftigsten Sichtungen (Fall 1), zumindest was die Bildqualität betrifft, fehlt leider die Angabe zum Sichtungsort.

2. Der Fall „Isaac"
von Dr. Jens Waldeck

Den Höhepunkt zu den Geschehnissen um die Drohnen bildet zweifelsohne der Internet-Beitrag eines Zeugen mit dem Decknamen „Isaac", der sich nach der Veröffentlichung der rätselhaften UFO-Drohnen-Fotos im Juli 2007 bei www.earthfiles.com [Ho] gemeldet hatte, noch bevor sich alle weiteren Zeugen gemeldet hatten. Der Beitrag ist so wichtig, dass ihm ein eigenes Kapitel gewidmet wird.

Lassen wir nun „Isaac" selbst zu Wort kommen – in der bisher einzigen uns bekannten vollständigen deutschsprachigen Übersetzung.

2.1. Die erste E-Mail eines Insiders

Der Bericht beginnt mit einer E-Mail als Begleittext eines Dokuments, das als CARET-Dokument bekannt wurde und ab Kapitel 2.2 veröffentlicht ist. Hier ist eine kurze Einleitung.

„Ich verwende das Namenskürzel Isaac und arbeitete an etwas, das in den achtziger Jahren als CARET-Programm bezeichnet wurde. Während meiner Zeit dort arbeitete ich viel an einer Technologie, die offenbar immer noch im Betrieb ist: an den kürzlich gesichteten Drohnen, vornehmlich an der „Sprache" und den Diagrammen, die an der Unterseite der Drohnen zu sehen sind. Es folgt eine längere Ausführung, wer ich bin, was ich weiß und worum es sich bei diesen Sichtungen (vermutlich) handelt.

Das Erscheinen dieser Fotos hat mich zur Überzeugung gebracht, einige der zahlreichen Fotos und kopierten Dokumente zu veröffentlichen, die ich 20 Jahre später noch besitze und die sehr viel über diese Sichtungen aussagen können. In diesem Brief finden Sie einige davon. Sie sind in hoher Auflösung vorhanden und werden zur Veröffentlichung frei gegeben, VORAUSGESETZT, SIE WERDEN nicht im Geringsten GEÄNDERT UND NUR ZUSAMMEN MIT DIESEM TEXT gebracht.

Ich versuche zudem, mit den Zeugen wie Chad, Rajman, Jenna, Ty und dem Zeugen am Lake Tahoe (wahrscheinlich auch Chad) in Verbindung zu treten. Ich habe einige Ratschläge für sie, die im Umgang mit dem, was sie gesehen haben, vielleicht hilfreich wären und ich könnte ihnen vielleicht empfehlen, was sie mit dem anfangen könnten, worüber sie etwas wissen. Falls Sie einer dieser Zeugen sein sollten oder mich mit ihnen in Kontakt bringen könnten, setzen Sie sich bitte mit ‚Coast to Coast AM' in Verbindung und lassen es sie wissen.

Meine Erfahrung mit dem CARET-Programm und außerirdischer Technologie.

Isaac, Juni 2007

Sie können mich Isaac nennen, ein Pseudonym, das ich mir zum Schutz gewählt habe. Was ich freigebe, ist auch nach heutigem Standard eine höchst sensible Information. ‚Sensibel' ist nicht notwendigerweise gleichbedeutend mit ‚gefährlich' zu setzen. Indessen ist mein Gewissen unbelastet und ich stelle dieses Material der Öffentlichkeit zur Verfügung. Meine Regierung hat ihre Gründe für ihre anhaltende Geheimhaltung, und ich stimme in Vielem damit überein. Die Wahrheit ist jedoch, dass ich älter werde und nicht daran interessiert bin, meinem Schöpfer eines Tages mit mehr Gepäck als notwendig zu begegnen. Außerdem habe ich ein wenig mehr Vertrauen in die Menschheit als meine ehemaligen Chefs. Ich meine, dass eine Bekanntgabe eines Teils dieses Wissens mehr helfen als schaden könnte, besonders in der heutigen Welt.

Zu Beginn möchte ich klarstellen, dass ich nicht die Absicht habe, mich selbst angreifbar zu machen, dadurch dass ich das Vertrauen meiner Vorgesetzten enttäusche, und ich werde keine persönlichen Informationen preisgeben, die meine Identität verraten könnten. Ich habe auch nicht die Absicht zu betrügen, daher werde ich zu sensible Informationen eher weglassen als irgendetwas zu verschleiern (außer meinem Decknamen, der zugegebenermaßen nicht mein richtiger Name ist). Ich schätze, dass mit den Informationen, die in diesem Brief enthalten sind, meine Identität bestenfalls auf 30 bis 50 Personen eingegrenzt werden kann. Daher fühle ich mich verhältnismäßig sicher.

Einige Erklärungen zu den neuen Sichtungen

Seit vielen Jahren habe ich ab und zu daran gedacht, Einiges von dem Material freizugeben, das ich besitze. Letztlich war die kürzliche Welle an Fotos und Sichtungen der Anstoß dazu, es jetzt zu tun.
Ich möchte zuerst klarstellen, dass ich mit den Fluggeräten in ihrer Gesamtheit, die auf den Fotos zu sehen sind, nicht vertraut bin. Ich habe sie weder in einem Hangar gesehen noch damit gearbeitet. Auch habe ich keine Außerirdischen gesehen, die um sie herumschwirrten. Allerdings habe ich mit und an vielen Teilen gearbeitet, die an den Fluggeräten sichtbar sind und die teilweise im Untersuchungsbericht Q3-85 als Inventurliste beschrieben und dargestellt sind. Viel wichtiger ist, dass ich mit der ‚Sprache' vertraut bin, die deutlich an der Unterseite der Fotos von Chad und Rajman und in einer anderen Weise auf den Fotos vom Big Basin zu sehen sind.

Eine Frage, die ich sicher beantworten kann, betrifft das plötzliche Auftauchen der Fluggeräte. Es gibt sie vermutlich schon seit Jahrzehnten, und ich kann sicher sagen, dass die dahinter stehende Technologie bereits Jahrzehnte davor existiert hat. Die ,Sprache' (ich werde gleich noch kurz erklären, warum hier Anführungszeichen stehen) war das Thema meiner Arbeit in den Jahren davor. Ich werde ausführlich darüber berichten.

Der Grund, warum sie plötzlich zu sehen sind, ist jedoch ein ganz anderer. Diese Fluggeräte, die vermutlich denen der achtziger Jahre ähneln (vielleicht sind sie auch besser), besitzen eine Technologie, die sie unsichtbar machen können. Diese Eigenschaft kann sowohl an Bord als auch aus der Ferne beeinflusst werden. Wichtig ist allerdings, dass diese Unsichtbarkeit durch andere Technologien gestört werden kann, man denke beispielsweise an Radarstörungen. Ich möchte wetten, dass sie vermutlich ungewollt Sichtbarkeit erlangten (ich kenne das noch von früher), und anschließend wieder unsichtbar wurden, all dies jedoch nur für eine kurze Zeit durch irgendeine örtlich nahe gelegene Störtechnologie. In hohem Maße sicher bin ich bei den Big-Basin-Sichtungen, wo die Zeugen selber über ein Auftauchen und Verschwinden des Fluggerätes berichteten. Das ist deswegen wahrscheinlich, weil ein Zeuge das Auftauchen lediglich als kurzes Flackern beschrieb, das mit der unbeabsichtigten Unterbrechung der Triggerimpulse zur Gerätesteuerung übereinstimmt.

Es ist nicht überraschend, dass die Sichtungen alle in Kalifornien stattfanden, besonders in der Gegend um die Saratoga-/South-Bay. Nicht weit gelegen von Saratoga ist Mountain-View/Sunnyvale, Heimat von Moffett-Field und des NASA-Ames-Forschungszentrums. Wieder könnte ich alles darauf verwetten, dass die Vorrichtung zum Sichtbarmachen der Tarnkappe dieses Fluggerätes unbeabsichtigt ausgelöst wurde, vermutlich während eines Experiments, genau in dem Augenblick, als es gesehen wurde. Meilen entfernt im Big Basin waren die Zeugen zur rechten Zeit am rechten Ort und konnten das Ergebnis dieser Aussetzer mit ihren eigenen Augen sehen. Gott weiß, was sonst noch in diesem Augenblick am Himmel erschienen ist, und wer es sonst noch gesehen hat. Ich habe mit einer Vorrichtung dieser oder zumindest ähnlicher Art gearbeitet, und diese Art des Fehlers ist schon mal da gewesen. Ich weiß von mindestens einem weiteren Vorfall, bei dem diese Art der Technologie versehentlich außer Kraft gesetzt war, was zur Folge hatte, dass normalerweise unsichtbare Gegenstände plötzlich sichtbar wurden. Im Gegensatz zu früher sind Kameras heutzutage viel mehr verbreitet.

Die Technologie selbst ist nicht die unsrige, oder zumindest war sie es nicht in den achtziger Jahren. Ähnlich wie die Technologie in diesen Fluggeräten selbst, stammt auch die Tarnkappentechnologie aus keiner menschlichen Quelle. Warum wir diese Technologie erhalten haben, ist mir nie klar geworden, aber sie ist für Vieles verantwortlich. Unser Zugang zu diesem Gerät, zusammen mit unseren gelegentlichen ziellosen

Experimenten, war für alles verantwortlich wie Fehlfunktionen in der Tarntechnologie, ja sogar ganzen Abstürzen. Ich kann Ihnen versichern, dass die meisten (meiner Ansicht sogar alle) Ereignisse von UFO-Abstürzen mehr mit unserer stümperhaften Handhabung einer extrem leistungsfähigen Technologie zu einer unpassenden Zeit zu tun hat als mit mechanischen Ausfällen. Glauben Sie mir, diese Geräte fallen nicht einfach so aus, es sei denn, sie werden zweckentfremdet (absichtlich oder nicht). Denken Sie an eine verirrte Kugel. Sie können von ihr jederzeit ohne Vorwarnung getroffen werden, auch dann, wenn der Schütze Sie gar nicht treffen wollte. Ich kann Ihnen versichern, dass deswegen auch Köpfe rollen werden. Falls jemand in den nächsten Wochen einen brillanten aber unordentlich wirkenden Physiker sieht, der in den Straßen von Bagdad unterwegs ist, dann kann ich mir schon denken, wie er dorthin gekommen ist. (Das sollte natürlich nur ein Scherz sein, und ich hoffe fest, dass dies nicht so geschehen ist). Ich möchte Ihnen nun alles erklären.

Das CARET-Programm

Meine Geschichte begann wie für viele meiner Kollegen mit einem Graduierten- und Postgraduiertenstudium an der Universität in der Elektrotechnik. Zusätzlich war ich immer auch an Computer-Wissenschaften interessiert, was zu der damaligen Zeit ein neues Arbeitsfeld war. Mein Interesse wurde verstärkt durch die erste Bekanntschaft mit einem Tixo-Computermodell während meiner Graduiertenausbildung. Nach der Ausbildungszeit nahm ich meinen Weg durch die Industrie. Ich arbeitete bei den damals bekannten Firmen, bis mir ein Job am Verteidigungsministerium (DoD = Department of Defense) angeboten wurde und die Dinge einen unerwarteten Verlauf nahmen.
In dieser Zeit ist nicht viel geschehen, aber ich blieb dort eine Weile. Anscheinend erwies ich mich als intelligent und loyal. Im Jahr 1984 machten mich diese Qualitäten zusammen mit meinem technischen Hintergrundwissen zu einem Anwärter für ein neues Programm, das ‚CARET' genannt wurde.

Bevor ich darauf eingehe, möchte ich noch ein wenig über den Aufstieg und die Bedeutung des Silicon Valley erklären. Seit 1984 war das Silicon Valley das Zugpferd für Jahrzehnte. In weniger als 40 Jahren seit der Erfindung des Transistors durch Shockley hat dieser Teil der Welt eine milliardenschwere Computerindustrie hervorgebracht und technologische Schritte vollzogen, die beispiellos waren, angefangen vom Hypertext bis zur Datenübertragung in den 68ern zum Alto in den 73ern.
Die private Industrie im Silicon Valley war verantwortlich für die unglaublichsten technologischen Entwicklungssprünge in der Geschichte, und dieser Umstand ist der US-Regierung und dem Militär nicht verborgen geblieben. Ich nehme für mich nicht in Anspruch, spezielles

Wissen über Roswell oder irgendwelche angebliche UFO-Ereignisse zu haben, aber ich weiß definitiv, woher auch immer, dass das Militär hart daran gearbeitet hat, außerirdische Artefakte zu verstehen und zu nutzen, die es besaß. Während überall Fortschritte zu verzeichnen waren, ging es nicht so schnell voran, wie Einige es gern gehabt hätten. Daher wurde 1984 das CARET-Programm ins Leben gerufen, mit der Absicht, sich die besonderen Fachkenntnisse aus der privaten Industrie im Silicon Valley nutzbar zu machen, mit dem Ziel, außerirdische Technologie zu verstehen.

Eines der besten Beispiele der Anziehungskraft des Bereichs der Informationstechnologie war Xerox-PARC, ein Forschungszentrum in Palo Alto, Kalifornien. XPARC war verantwortlich für einige Meilensteine in der Computergeschichte. Während ich nie das Privileg hatte, dort zu arbeiten, wusste ich, dass viele der Leute, die dort arbeiteten, zu den brillantesten Köpfen unter den Ingenieuren gehörten, die ich überhaupt kannte.

XPARC diente als eines der Modelle bei der Gründung des CARET-Programms, einer Einrichtung, die Palo-Alto-CARET-Labor genannt wurde (= PACL, ausgesprochen „päckel"). Dort arbeitete ich mit zahlreichen anderen Zivilisten unter Aufsicht der Militärs, die gern herausfinden wollten, wieso der Technikbereich sich so schnell entwickelte. Meine Zeit beim DoD war der Hauptgrund für die Auswahl meiner Person, wie auch von über 30 Anderen, die zur gleichen Zeit angeheuert wurden und auch beim Department arbeiteten, was aber nicht für Jeden zutraf. Einige meiner Kollegen kamen von IBM und mindestens zwei von XPARC selbst. Meine DoD-Erfahrung qualifizierte mich mehr für das Management, was der Grund dafür war, dass ich bereits zu Anfang viel Material besaß.

Mit anderen Worten, Zivilisten wie ich, die zumeist einige bescheidene Erfahrungen bei der Arbeit im DoD hatten, aber kein tatsächliches Training oder eine Einbindung, fanden sich plötzlich in einem Raum mit streng geheimer außerirdischer Technologie. Natürlich gaben sie uns eine zweimonatige Einführung und taten ihr Bestes, uns zu überzeugen, dass uns und unseren Bekannten beim geringsten Verrat unangenehme Konsequenzen drohten. Es schien, als ob in jeder Ecke unserer Räumlichkeiten eine bewaffnete Wache stünde. In meiner Zeit arbeitete ich unter ziemlich restriktiven Geheimhaltungsvorschriften. Dies war so fern meiner Vorstellungskraft, dass ich dachte, dass ich es höchstens zwei Wochen in einer derartigen Umgebung aushalten könnte. Aber erstaunlicherweise fing alles gut an. Sie wollten uns schlicht und einfach, und unsere Betriebsamkeit zeigte sich so erfolgreich in dem, was wir unternahmen, dass sie bereit waren, uns grünes Licht zu geben.

Natürlich, nichts mit dem Militär ist je einfach, und oft geschah es, dass sie ihr Stück von dem Kuchen abhaben und auch davon essen wollten. Was ich damit aussagen möchte, trotz ihres Interesses, alles aus unseren Köpfen herauszuholen, und von unserem Wissen im Umgang mit den Dingen zu profitieren, wollten sie zusätzlich noch ihren eigenen Weg gehen und oft genug frustrierten sie uns damit.

An diesem Punkt beabsichtige ich, die emotionale Seite dieser Erfahrung zu übergehen, denn dieser Brief soll kein Schwelgen in alten Erinnerungen sein. Ich möchte vielmehr sagen, es gibt wohl kaum eine Möglichkeit, den extremen Eindruck zu beschreiben, die diese Art der Offenlegung auf unseren Verstand hatte. Es gibt nur wenige Momente im Leben, in denen deine ganze Weltsicht für immer auf den Kopf gestellt wird. Aber das war einer dieser Augenblicke.

Ich erinnere mich noch an den Wendepunkt während der Belehrung, als ich begriff, was er uns gerade gesagt hatte und dass ich mich bei ihm nicht verhört hatte und dass das kein Scherz war. In der Rückblende fühlt sich die Sache an, als wäre alles in Zeitlupe abgelaufen, angefangen von der bedeutsamen Pause, bevor zum ersten Mal der Ausdruck ‚außerirdisch' gebraucht wurde, bis hin zu der Art und Weise, wie die Atmosphäre des Raumes sich auf merkwürdige Weise veränderte, als wir gemeinsam allmählich begriffen, was er gesagt hatte. Meine Gedanken sprangen hin und her beim Versuch, den Sprecher anzusehen, um ihn besser zu verstehen, und beim Blick zu Jedermann um mich herum, um sicher zu sein, dass ich nicht der Einzige war, der dies hörte. Selbst auf die Gefahr hin, melodramatisch zu wirken, es ist in etwa so, wie bei einem Kind, das feststellen muss, dass sich seine Eltern scheiden lassen wollen. Ich habe so etwas nie selbst erfahren, aber einem engen Freund ist dies als Kind widerfahren, und er vertraute mir viel davon an, wie dieses Gefühl war. Viel von dem, was er sagte, würde treffend beschreiben, was ich gerade in diesem Raum fühlte. Hier war eine vertrauenswürdige Autoritätsperson, die einem etwas erzählte, für das man nicht vorbereitet war und gleichzeitig eine Bürde auferlegte, die man nicht unbedingt zu tragen bereit war. In dem Augenblick, in dem er zu sprechen begann, war alles, worüber ich nachdenken konnte, das was er gerade eben gesagt hatte, und zu wissen, dass das Leben nie mehr so einfach sein würde, wie es einmal war. Nach all den Jahren beim DoD dachte ich, dass ich zumindest eine ungefähre Ahnung darüber hatte, was in der Welt vorging, aber ich hatte nie mehr als einen Piepser darüber gehört. Es kann sein, dass ich eines Tages mehr darüber schreibe, weil es eine Angelegenheit ist, die ich gern loswerden möchte, aber erst mal gehe ich darüber hinweg.

Im Gegensatz zur traditionellen Forschung auf diesem Gebiet haben wir nicht an neuen Spielzeugen für die Luftwaffe gearbeitet. Aus vielerlei Gründen haben die CARET-Leute entschieden, die Anstrengungen mehr auf kommerzielle als auf militärische Anwendungen zu richten. Grundsätzlich wollten sie, dass wir diese Artefakte in etwas verwandelten, das man patentieren und verkaufen könnte. Eine von CARETs verlockendsten Aussichten waren die Einkünfte, die man durch diese produktreifen Technologien erzielen konnte, die man wiederum in schwarze Projekte ‚einfließen lassen konnte'. Der Gedanke, an einer kommerziellen Anwendung zu arbeiten, war eine andere Methode, uns in einem vertrauten Bewusstseinszustand zu halten. Eine Sache für das Militär zu entwickeln, ist etwas ganz anderes als für den kommerziellen Bereich und dabei keine Angst wegen dieses Unterschieds zu haben. Es war hierbei hilfreich, dass CARET wie eine private Industrie war.

Das Vorgehen von CARET zeichnete sich durch die Methode aus, uns nach unseren eigenen Methoden arbeiten zu lassen, wie wir es gewohnt waren. Sie versuchten, für uns eine Umgebung zu schaffen, wie wir sie kannten, jedoch ohne Kompromisse bei der Sicherheit einzugehen. Das bedeutete, dass uns nicht nur Freiheiten bezüglich unserer Arbeitsabläufe eingeräumt wurden, sondern ebenfalls bei der internen Management-struktur, der Gestaltung der Handbücher, Dokumente und Ähnlichem. Sie wollten eine Atmosphäre gestalten, wie sie in der privaten Industrie herrschte und nicht wie beim Militär. Sie wussten, wie man die beste Arbeit aus uns herausholen konnte, und sie lagen damit genau richtig.
Aber die Dinge gingen nicht so glatt voran, als es zu Abläufen kam wie dem Zugriff auf klassifizierte Informationen. Sie deckten auf, was wahr-scheinlich ihr größtes Geheimnis gegenüber einer Gruppe von Leuten war, die niemals eine Grundlagenausbildung gemacht hatten, und es war offensichtlich, dass die Schwere ihrer Entscheidung ihnen immer bewusst war. Wir begannen das Programm mit einer kleinen Auswahl von außer-irdischen Artefakten, einhergehend mit ordentlich ausgearbeiteten Kurz-berichten darüber, sowie dem Zugang zu einem angemessenen Material-bestand, mit dem die Forschung vollendet werden konnte. Es dauerte nicht lange, bis wir merkten, dass wir mehr benötigten, und sie dazu zu bringen, die kleinste Menge an Material an uns herauszugeben, war so beschwerlich wie das Ziehen von Zähnen. CARET stand für ‚Commercial Applications Research for Extraterrestrial Technology' (das bedeutet so viel wie ‚Kommerzielle anwendungsorientierte Forschungen mit außerirdischer Technologie'), aber wir scherzten häufig, dass diese Abkürzung für ‚Civilians Are Rarely Ever Trust' (‚Traue keinem Zivilis-ten!') stand.

PACL liegt in Palo Alto. Aber anders als bei XPARC war die Gegend am Ende einer langen Straße, inmitten eines Riesenkomplexes gelegen, umgeben von steinigen Hügeln und Bäumen. PACL befand sich verbor-gen inmitten eines Bürokomplexes, vollständig im Besitz des Militärs. PACL erweckte jedoch den Eindruck einer eher unbedeutenden techni-schen Firma. Alles, was man von der Straße aus sehen konnte, war eine Art Parklandschaft mit einer Schranke, einem Pförtnerhäuschen, innen ein einstöckiges Gebäude mit einem fiktiven Namen und Logo. Was von der Straße her nicht einsehbar war, lag direkt hinter verschlossenen Türen – genug bewaffnetes Wachpersonal, um eine Invasionstruppe für Polen zusammenzustellen. Dem Auge verborgen waren die fünf Untergeschos-se. Das Militär wollte so nah wie möglich an den Leuten dran sein, die es angeheuert hatte, und zudem in der Lage sein, diese mit einem Minimum an Aufwand zu integrieren.

Innerhalb des Komplexes fanden wir alles, was wir benötigten: modernste Hardware samt zugehörigem Stab von über zweihundert Computerwissenschaftlern: Elektroingenieure, Maschinenbauingenieure, Physiker und Mathematiker. Wie ich bereits angedeutet habe, waren die meisten von uns Zivilisten. Aber einige waren Militärs und ein paar hatten bereits mit dieser fremden Technologie gearbeitet. Selbstverständlich war niemand sehr weit von dem Lauf eines Maschinengewehrs entfernt, selbst in den eigentlichen Labors (die viele von uns gar nicht benutzten). Alle zwei Wochen war der Militärstab unterwegs, um sich zu versichern, dass nichts aus dem Ruder lief. Manche von uns unternahmen ausgedehnte ‚Spaziergänge' auf unserem Weg beim Betreten und Verlassen des Gebäudes. Da lag das möglicherweise größte Geheimnis auf der Welt, in einer Sammlung bestehend aus Einzelteilen, ausgebreitet auf den Labortischen, mitten in Palo Alto. Von daher können Sie sich die Besorgnis des Militärs gut vorstellen. Einer der neuralgischen Punkte von CARET war, dass es zweifellos nicht so organisatorisch durchstrukturiert war, wie es bei anderen Operationen der Fall war. Ich hatte nie die Gelegenheit, direkt einen Außerirdischen zu sehen (noch nicht einmal auf Fotos). Auch bekam ich nie eines ihrer vollständigen Fahrzeuge zu sehen. 99 % von dem, was ich sah, war unmittelbar arbeitsbezogen. Alles spielte sich lediglich innerhalb eines sehr engen Kontextes individueller Artefakte ab. Die restlichen 1 % kamen von Leuten, die ich im Rahmen des Programms kennen lernte. Viele davon arbeiteten eng mit den ‚guten Sachen' oder taten dies in der Vergangenheit. In der Tat war bei der ganzen Sache recht amüsant, wie unser militärisches Management immer wieder den Eindruck zu erwecken suchte, als ob die Technologie, die wir durch ‚reverse engineering' [Rekonstruktion, Rückwärtsentwicklung – die Red.] erforschen sollten, nicht außerirdischen Ursprungs sei. Neben dem Wort ‚extraterrestrisch' als solchem hörten wir nur selten Ausdrücke, wie ‚Alien', ‚UFO', ‚Weltall' oder Ähnliches. In vielen Fällen war es notwendig, zwischen verschiedenen Rassen und ihrer jeweiligen Technologie zu unterscheiden. Aber nicht einmal das Wort ‚Rassen' wurde benutzt. Man bezog sich lediglich auf verschiedene ‚Quellen'.

Die Technologie

Ein großer Anteil der Technologie, an der wir arbeiteten, betraf, wie zu erwarten, die Antigravitation. Die meisten Forscher mit Hintergrundwissen in Antrieben und Raketentechnik waren Angehörige des Militärs, aber die Technologie, mit der wir uns beschäftigten, lag so weit außerhalb ihrer Welt, dass nichts zu dem passte, was deren Hintergrundwissen ausmachte. Die Folge war, nichts davon konnte angewendet werden. Alles, was wir tun konnten, war das Erfinden eines passenden Wortschatzes, gründend in unserem eigenen Erfahrungsfeld, um die extrem bizarren Konzepte nachzubilden, die wir langsam – so gut wie möglich – zu verstehen begannen. Ein Raketeningenieur saß normalerweise nicht mit einem Computerwissenschaftler Schulter an Schulter, aber innerhalb PACL waren wir alle ähnlich fasziniert und waren bereit, sämtliche Gedankengänge zu verfolgen.

Die Physiker machten anfangs die größten Fortschritte, denn im Bereichen außerhalb unserer gemeinsamen Kenntnisse überlappten sich ihre Erfahrungen am besten mit den Konzepten, die hinter dieser Technologie standen (obwohl so etwas nicht viel besagen muss). Als sie den Ball einmal ins Rollen gebracht hatten, begannen wir herauszufinden, dass viele der Konzepte aus den Computerwissenschaften gut anwendbar waren, auch wenn das nur auf eine recht vage Weise möglich war. Während ich mit den Antigravitationsgeräten wenig zu tun hatte, wurde ich gelegentlich in die Fragen einbezogen, wenn es darum ging, wie diese Technologie mit dem Benutzer interagierte.

Die Antigravitation schlug jeden in seinen Bann, genauso wie die Fortschritte, die wir materialtechnisch machten und noch vieles mehr. Aber was mich dann doch am meisten interessierte und mich bis heute am meisten erstaunt, war etwas, das dazu in überhaupt keinerlei Zusammenhang stand. Genau gesagt war es diese Technik, die mir sofort auffiel, als ich die Fotos von Chad und Rajman und erst recht die vom Big Basin sah.

Die „Sprache"

Ich setze den Begriff ‚Sprache' in Anführungszeichen, weil er für das, was ich beschreiben will, eigentlich falsch ist oder falsch gedeutet werden kann. Es ist jedoch nur ein unbedeutender Fehler. Ihre Gerätschaften funktionieren nicht auf die gleiche Weise wie unsere. In unserer Technologie haben wir auch heute noch eine Kombination aus Hardware und Software, die fast alles auf unserem Planeten steuert. Software ist abstrakter als Hardware, benötigt diese aber, um zu laufen. Mit anderen Worten, es gibt keine Möglichkeit, ein Computerprogramm auf ein Stück Papier zu schreiben, dieses Stück Papier auf den Tisch oder Ähnlichem zu legen und zu erwarten, dass sich etwas tut. Der beste Programmcode in der Welt kann nichts ausrichten, solange keine Hardware ihn interpretiert und die Befehle in Operationen umsetzt.

Aber ihre Technologie ist ganz anders. Sie funktioniert wirklich wie ein magisches Stück Papier, das auf dem Tisch liegt und auf eine bestimmte Art zu sprechen vermag. Sie haben etwas, das einer Programmsprache ähnlich ist und sich buchstäblich selbst ausführen kann – zumindest in Anwesenheit eines sehr speziellen Feldtyps. Die ‚Sprache', ein Ausdruck, den ich immer noch sehr allgemein verwende, besteht aus einem System von Symbolen (das zugegebenermaßen stark einer schriftlichen Sprache ähnelt), zusammen mit geometrischen Formen und Mustern, die sich zu funktionalen Gesamtdiagrammen fügen, deren Teile auch für sich funktional sind. Sobald sie auf einer geeigneten Oberfläche aus einem geeigneten

Material in Gegenwart eines bestimmten Feldtyps niedergezeichnet sind, fangen sie sofort an, die gewünschten Aufgaben durchzuführen. Es kam uns wirklich wie Magie vor, sogar als wir anfingen, die Grundregeln dahinter zu verstehen.

Ich arbeitete mit diesen Symbolen mehr als mit allem Anderen während meiner Zeit bei PACL und erkannte sie sofort wieder, als ich sie auf den Fotos sah. Sie erschienen in einer sehr einfachen Form auf Chads Fluggerät, aber erschienen auch in der komplizierteren Diagrammform auf der Unterseite der Big-Basin-Geräte. Beide waren unmissverständlich trotz der sehr geringen Größe der Big-Basin-Fotos. Ein Beispiel eines Diagramms in der Art des Big-Basin-Fluggeräts ist auf einer der kopierten Seiten mit der [irreführenden] Überschrift ‚Linguistic Analysis Primer‘ (= ‚linguistische Analysefibel‘) enthalten. Wir benötigten eine Kopie dieses Diagramms, um äußerst genau zu sein, und wir brauchten mit einem Team von sechs Personen ungefähr einen Monat, um dieses Diagramm in unseren Programmentwurf hineinzukopieren!

Das alles zu erklären, was ich über diese Technologie gelernt habe, würde Bücherbände füllen, aber ich will mich bemühen, wenigstens einige der Konzepte zu erklären, soweit es mir die Zeit erlaubt, all dies niederzuschreiben.

Zu allererst würde man nicht ihre Hardware öffnen, um hier einen Prozessor, dort eine Datenbus und dann noch irgendeine Art Speicher zu erwarten. Ihre Hardware scheint durchgehend vollständig fest und vom Material her betrachtet konsistent zu sein. Dies ist ähnlich wie bei einem Steinbrocken oder einem großen Stück Metall. Aber nach [noch] sorgfältigerer Betrachtung begriffen wir, dass es sich eigentlich ein großes holografisches wie ein Rechner strukturiertes Trägerelement (Substrat) handelt – jedes ‚Rechenelement‘ (im Wesentlichen einzelne Teilchen) kann unabhängig arbeiten, ist aber so gestaltet, dass es auch in riesigen Gruppen zusammenarbeiten kann. Ich weise darauf hin, dass die Hardware holografisch ist, weil man sie in kleinste Stücke teilen und dennoch eine ähnliche verkleinerte aber komplette Darstellung des vollständigen Systems finden kann [Anm. des Übers.: ein so genannter fraktaler Aufbau]. Die Elemente produzieren einen nichtlinearen Rechnungsvorgang, wenn sie aufgereiht werden. Das heißt, vier Elemente, die zusammen arbeiten, sind über vier Mal leistungsfähiger als eines allein. Die meisten der internen ‚Materialien‘ in ihren Fluggeräten (eigentlich alles außer dem äußersten Gehäuse) sind wirklich dieses Substrat und können jederzeit und in jedem möglichem Zustand zum Rechenvorgang beitragen. Die Form dieser kleinen Stücke des Substrates hat auch eine weit reichende Wirkung auf die Funktionalität, und dient häufig oft als ‚Kurzform‘, um ein Ziel zu erreichen, das sonst auf kompliziertere Weise erreichbar sein würde.

So, nun zurück zur ‚Sprache‘. Die ‚Sprache‘ ist eigentlich eine ‚funktionelle Blaupause‘. Die Formen der Gebilde, die Symbole und ihre Zusammenstellungen sind selbst funktional. Was die Sache besonders schwer fassbar macht, ist, dass jedes Element eines jeden ‚Diagramms‘

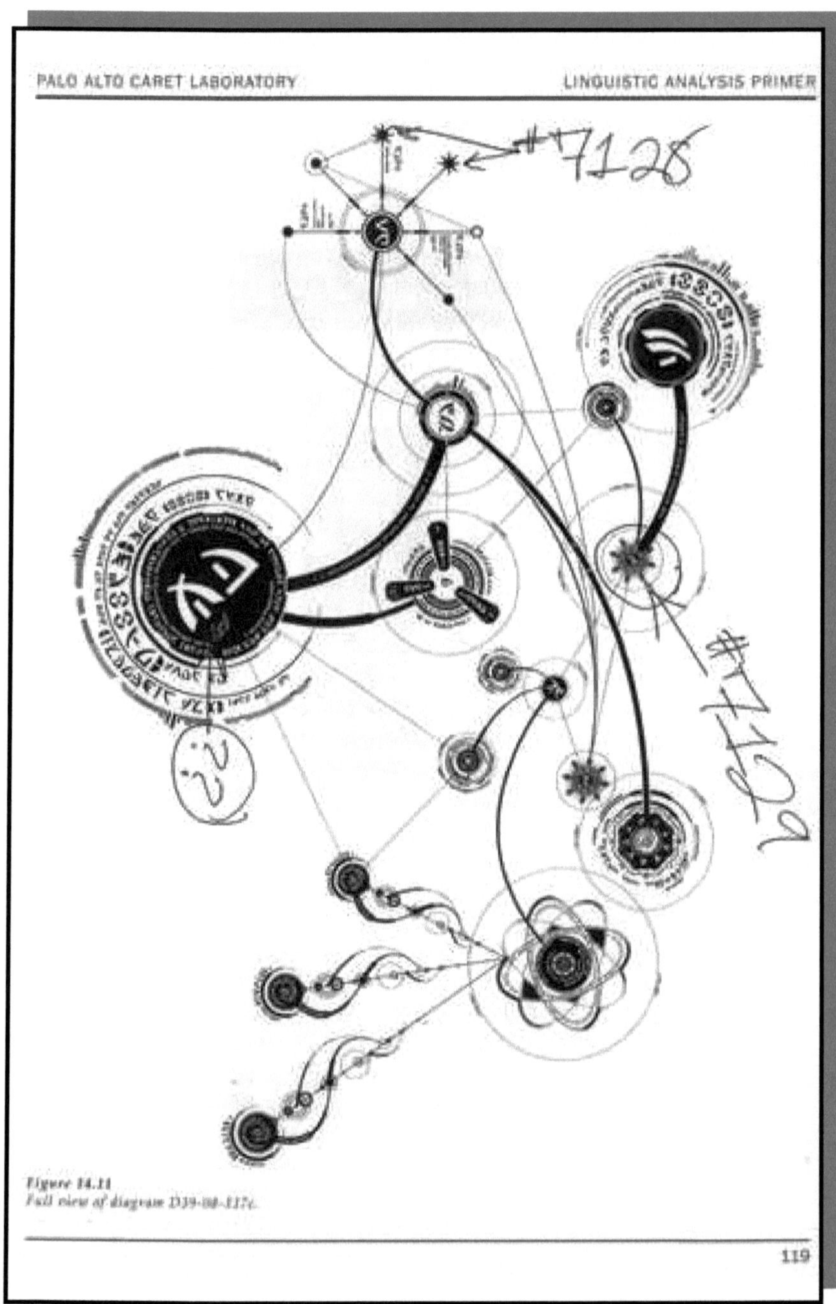

Figure 14.11
Full view of diagram D39-08-117c.

„Abb. 14.11 Vollständiges Bild des Diagramms D39-08-117"

53

von jedem anderen Element abhängig ist und einen Bezug hat. Das bedeutet, nicht die geringste Einzelheit kann neu konzipiert, entfernt oder geändert werden. Die Menschen mögen die schriftliche Sprache, weil jedes Element der Sprache für sich allein verstanden werden kann und daraus komplexe Ausdrücke konstruiert werden können. Ihre ‚Sprache' hingegen ist völlig kontextsensitiv, was bedeutet, dass ein gegebenes Symbol so wenig bedeuten kann wie eine 1-bit-Markierung in einem Kontext, oder andererseits wortwörtlich das gesamte menschliche Genom oder eine Galaxien-Sternenkarte enthalten kann. Die Fähigkeit eines einzelnen kleinen Symbols, enorme Mengen an Daten zu enthalten und nicht nur darzustellen, ist ein anderer kontraintuitiver Aspekt dieses Konzepts. Wir stellten

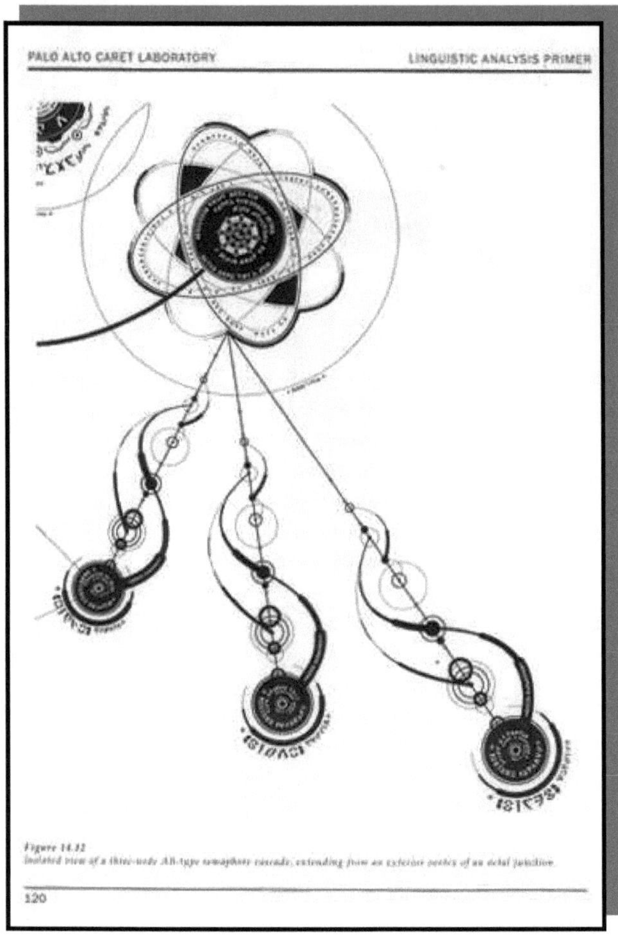

„Abb. 14.12 Bildausschnitt einer Kaskade des AB-Typs"

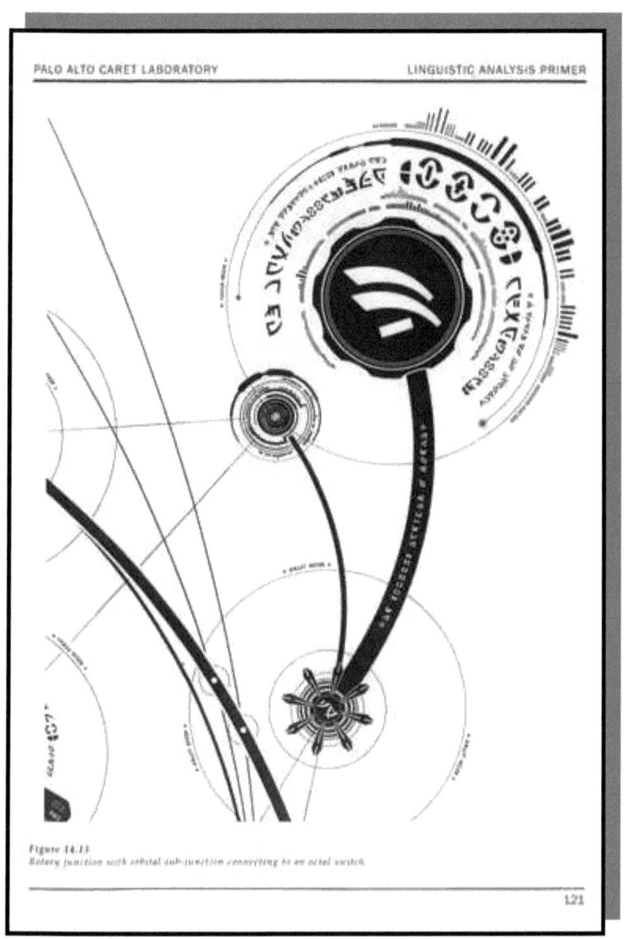

„Abb. 14.13 Radialer Abzweig mit orbitalem Subabzweig"

schnell fest, dass wir auch bei einer Zusammenarbeit von zehn oder mehr Personen selbst mit den einfachsten Diagrammen nichts zuwege brachten. Mit jeder neuen Eigenschaft, die hinzugefügt wurde, ging die Komplexibilität des Diagramms exponential ins Uferlose. Aus diesem Grund fingen wir an, Computer gestützte Systeme zu entwickeln, um diese Details zu handhaben und hatten auch einigen Erfolg, obgleich wir fanden, dass schnell eine Schwelle erreicht wurde, oberhalb der selbst Supercomputer nicht mehr imstande waren, mitzuhalten. Es war aber eine Tatsache, dass die Außerirdischen diese Diagramme so schnell und leicht entwerfen konnten wie ein menschlicher Programmierer ein Fortran-Programm zu schreiben in der Lage war. Es ist ernüchternd, sich vorzustellen, dass sogar ein Netzwerk, bestehend aus Supercomputern, nicht dafür geeignet war, das zu duplizieren, was sie in ihren eigenen Köpfen tun konnten. Unser gesamtes System der Sprache basiert darauf, dass Symbolen Bedeutungen zugewiesen werden. Ihre Technologie vermischt jedoch irgendwie Symbol und Bedeutung. Daher ist ein subjektiver Zuhörer nicht erforderlich. Man kann den Symbolen jedwede Bedeutung zuweisen, aber ihr Ver-

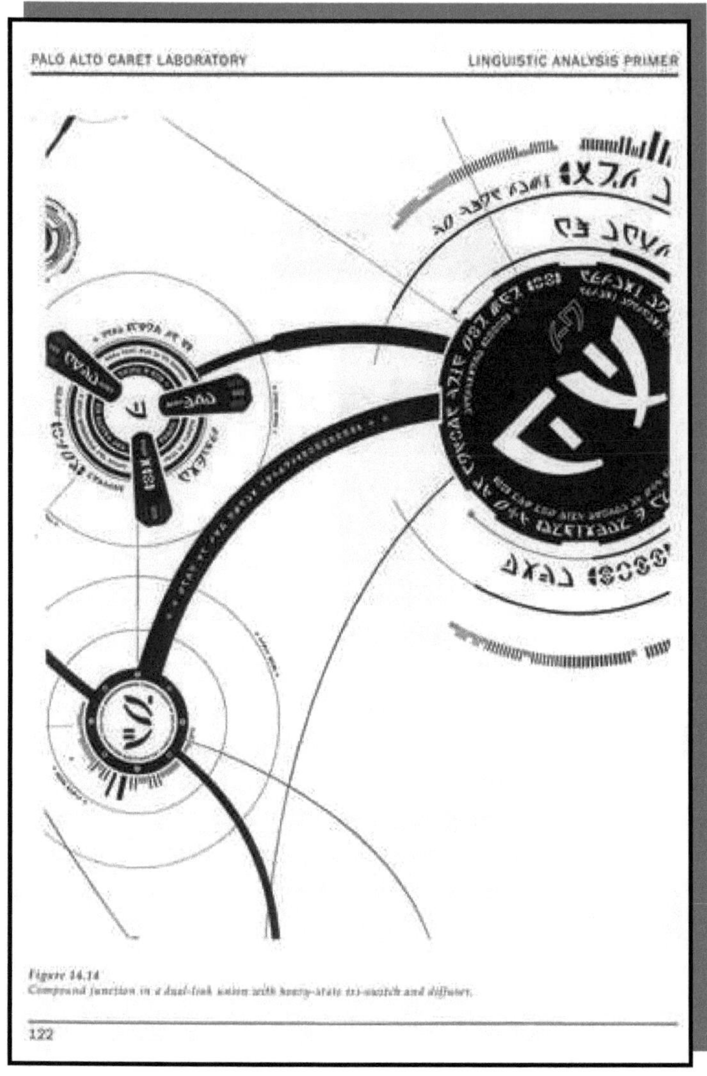

„Abbildung 14.14 Mehrfachabzweig in einem zweigliedrigem Verbund"

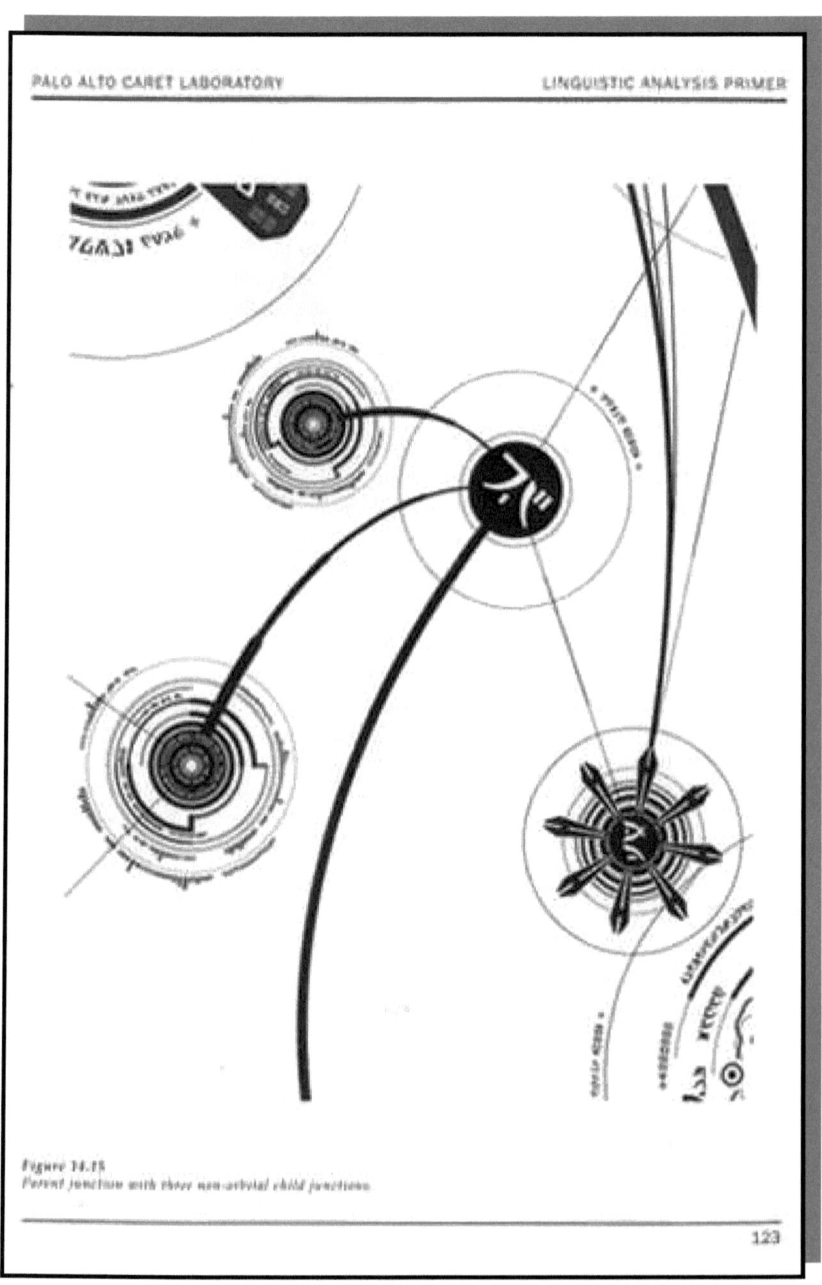

Figure 14.15
Parent junction with three non-orbital child junctions.

„Abbildung 14.15 „Knotenpunkt mit drei nicht orbitalen Unterknoten"

57

halten und Funktionalität ändern sich nicht, so wenig wie ein Transistor sein Verhalten ändert, wenn man ihm einen anderen Namen gibt.

Hier ein Beispiel für die Komplexität des Prozesses. Stellen Sie vor sich, ich bitte Sie darum, nacheinander zufällige Wörter auf eine Liste zu setzen, so dass keine zwei Wörter gleiche Buchstaben enthalten. Sie müssen diese Übung völlig in Ihrem Kopf durchführen, ohne auf einen Computer oder auf Bleistift und Papier zurückgreifen zu können. Nehmen wir an, das erste Wort der Liste ist ‚fox‘, dann schließt der zweite Begriff alle Wörter mit den Buchstaben F, O und X aus. Wenn das folgende Wort ‚tree‘ ist, dann darf das dritte Wort der Liste nicht mehr die Buchstaben F, O, X, T, R oder E enthalten. Wie Sie sich vorstellen können, müssen Sie schon ein wenig trickreich arbeiten, um das dritte Wort zu finden, da Sie die nicht mehr erlaubten Buchstaben nur unter Schwierigkeiten visualisieren könnten, wenn Sie die Wörter niederschrieben. Beim vierten, fünften und sechsten Wort wäre das Problem vollends außer Kontrolle geraten. Stellen Sie sich jetzt vor, dass Sie versuchten, das milliardste Wort der Liste hinzuzufügen (vorausgesetzt, Sie hätten ein Alphabet mit beliebig vielen Buchstaben). Sie können sich wahrscheinlich vorstellen, wie schwierig es selbst für einen Computer ist, da mitzuhalten. Unnötig zu erwähnen, dass das Aufschreiben per Hand jenseits der Kapazität des menschlichen Gehirns liegt.

Von meinem beruflichen Hintergrund her war ich für diese Arbeit prädestiniert. Ich verbrachte Jahre damit, Codes zu schreiben und analoge und digitale Schaltungen zu entwerfen, die sichtlich diesen Diagrammen auf gewisse Weise ähnelten. Ich hatte auch eine persönliche Vorliebe für Kombinatorik, die mir beim Entwurf der Software auf dem Supercomputer half, was bedeutete, mit Milliarden von Regeln zu jonglieren, die notwendig waren, ein gültiges Diagramm jeder angemessenen Komplexibilität zu entwerfen. Dieses deckte sich auch ein wenig mit Compilertheorie, einem Thema, das ich schon früher faszinierend fand, insbesondere die Möglichkeiten der Compileroptimierung. Ein laufender Witz im Linguistik-Team war, dass die Darstellung des großen O die Aufgabe nicht ausreichend beschreiben konnte. Also würden wir wohl andere Wörter für ‚groß‘ finden müssen. Zu der Zeit, als ich ging, erinnerte ich mich an den Konsens, dass das ‚astronomische O‘ der Sache schließlich gerecht wurde.

Wie ich sagte, könnte ich stundenlang weiter über dieses Thema schreiben und würde am liebsten, ein einführendes Buch herausgeben. Natürlich nur, wenn die Angelegenheit einmal nicht mehr der vollständigen Geheimhaltung unterliegen würde. Aber dies ist eine andere Geschichte und nicht Thema dieses Briefes. Kommen wir nun wieder auf das eigentliche Thema zu sprechen.

Die letzte Sache, die ich besprechen möchte, ist, wie ich an Kopien dieses Materials geraten bin, was ich sonst in meinem Besitz habe und was ich plane, damit zukünftig zu tun.

Meine Sammlung

Ich arbeitete bei PACL von 1984 bis 1987, eine Zeit, in der ich äußerst ausbrannte. Der bloße Umfang der Einzelheiten, die man während der Arbeit mit den Diagrammen im Kopf behalten musste, war genug, jedermanns Gesundheit herauszufordern, und ich war wirklich am Ende meiner Möglichkeiten mit den Ansichten des Militärs im Hinblick auf unsere ‚Anforderung an das Wissen'. Unsere Fähigkeit, die Arbeit zu erledigen, wurde ständig durch ihre Abneigung, uns mit den notwendigen Informationen zu versehen, behindert, und ich war die Bürokratie leid, die der Forschung und der Entwicklung im Wege stand. Ich ging irgendwann inmitten eines Dreimonats-Zyklus, in der ungefähr ein Viertel des gesamten PACL Personals aus ähnlichen Gründen ging.

Ich begann auch, nicht mehr mit der Richtung übereinzustimmen, die die Führung bezüglich des Themas Außerirdische einschlug. Ich hatte immer das Gefühl, dass mindestens irgendeine Form der Freigabe segensreich sein würde, aber als niederrangiger CARET-Ingenieur hatte ich nicht das Sagen. In Wahrheit wollte unser Management nicht, dass wir über nichttechnische Aspekte der ganzen Angelegenheit sprachen (wie ethische oder philosophische Gesichtspunkte) – sogar unter uns. Es hatte den Eindruck, dass die Sicherheit genug verletzt wurde, Zivilisten wie uns so nahe an diese Dinge heran zu lassen.

So ungefähr drei Monate bevor ich kündigte (was ungefähr acht Monate vor dem Weggang war, da man nicht einfach zwei Wochen vorher den Arbeitgeber in Kenntnis setzen konnte, dass man den Job aufgeben wollte), entschied ich mich, Nutzen aus meiner Position zu ziehen. Wie früher erwähnt brachte mich meine DoD-Erfahrung eher in eine interne Managementrolle als einige meiner Kollegen, und nach ungefähr einem Jahr in diesem Status wurden meine Gedanken an Kündigung jede Nacht etwas weniger belastend. Normalerweise waren wir angehalten, sämtliche Behälter, Beutel und Aktenkoffer zu leeren, dann unser Hemd und Schuhe auszuziehen und uns einer Art Leibesvisitation zu unterziehen. Es wurde niemals gestattet, Arbeit mit nach Hause zu nehmen, ganz gleich, wer wir waren. Meine Person betreffend aber war die Aktenkofferdurchsuchung augenscheinlich ausreichend.

Selbst bevor ich wirklich entschied, es zu tun, war ich sicher, dass ich in der Lage sein würde, bestimmte Materialien mit mir hinaus zu schmuggeln. Ich wollte dies tun, weil ich wusste, dass der Tag kommen würde, so etwas wie dies hier zu schreiben. Und ich wusste, dass ich es bis zu meinem Lebensende bedauern würde, wenn ich nicht zumindest die Möglichkeit offen ließ, so zu handeln. So fing ich an, Dokumente und Berichte dutzendweise zu kopieren. Ich steckte die Papiere unter mein Hemd in meinem unteren Rückenbereich, verstaute genug in meinen Gürtel, um sicher zu sein, dass sie nicht herausfallen würden. Ich könnte dies in irgend einem der kurzen, fensterlosen Hallenwege der Untergeschosse tun, die zu den wenigen Plätzen gehörten, die keine bewaffneten Sicherheitsleute hatten, die jede meiner Bewegungen überwachten. Ich würde das eine Ende mit einem Stapel Papieren betreten, der groß genug war, dass es niemand merken würde, wenn ich am anderen Ende mit einigen Papieren unter dem Hemd wieder herauskam. Man kann nicht vorsichtig genug sein, wenn man so etwas Tollkühnes, wie eben beschrieben, vorhat. So lange wie ich mich vorsichtig beim Laufen bewegte, würden die Papiere keine knisternden Geräusche erzeugen. Tatsächlich, je mehr Papiere ich nahm, desto weniger Geräusche machten sie, da sie auf diese Weise nicht so dünn waren. Ich würde häufig mehr als 10 bis 20 Seiten auf einmal nehmen. Mit der Zeit würde ich hunderte von Kopien hinausnehmen, sowie einige Vorlagen und eine große Sammlung von Originalfotos.

Diesem ersten Brief habe ich folgende hoch auflösende Scans beigefügt:
1. Die Seite einer Stückliste mit einem Foto, das eines der Teile aus der Rajman-Sichtung und Teile des Big-Basin-Fluggeräts zeigt (Bild Seite 59).
2. Die ersten 9 Seiten eines unserer vierteljährlichen Forschungsberichte.
3. Ablichtungen der Originalfotos aus diesem Bericht, da Kopien die meisten Feinheiten verbergen würden.
4. Fünf Seiten eines Berichts über unsere laufende Analyse der ‚Sprache' (etwas unpassend betitelt als ‚linguistische Analyse'), die die Art von Diagrammen darstellen, die auf der Unterseite des Big-Basin-Fluggeräts gerade so eben sichtbar sind.

Dieses Material ist das relevanteste und aussagefähigste, das ich für diese kurze hier vorliegende Nachricht finden konnte. Jetzt wo diese raus sind, und falls ich entscheide, zukünftig mehr freizugeben, bin ich in der Lage, mir mehr Zeit zu nehmen und die große Sammlung besser zu durchforsten, die ich leider nie geordnet habe. Ich bin nicht sicher, was ich mit dem Rest der Sammlung künftig tun werde. Ich schätze, ich werde warten, wie sich die ganze Angelegenheit entwickelt und dann einfach improvisieren. In dem, was ich tue, sind gewisse Risiken enthalten, und sollte ich tatsächlich identifiziert und geschnappt werden, könnte das ziemlich ernste Konsequenzen nach sich ziehen. Allerdings habe ich die richtigen Schritte unternommen, um ein angemessenes Maß an Anonymität zu wahren, und ich bin mir ziemlich sicher bezüglich des Sachverhalts, dass die Informationen, die ich bis jetzt zur Verfügung gestellt habe, auf keinen Fall unter vielen der CARET-Mitarbeitern einzigartig sind.

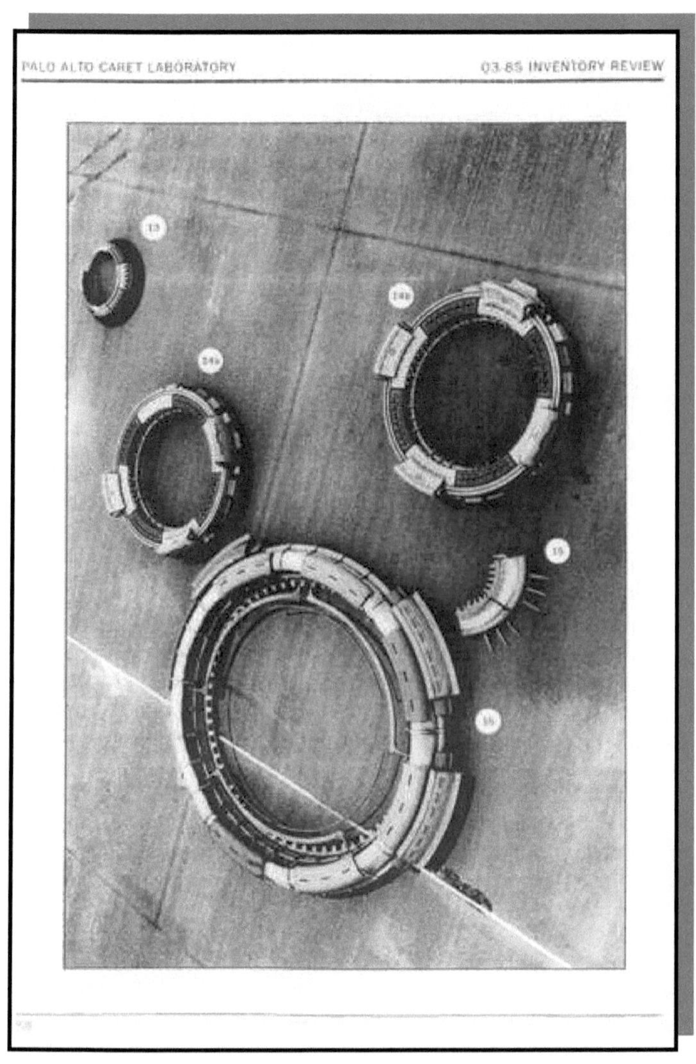

Stückliste mit Teilen aus der Rajman-Sichtung (Fall 3) und
des Big-Basin-Fluggeräts (Fälle 5 und 6)

Außerdem hat ein Teil von mir immer vermutet, dass die Regierung mit
einem gelegentlichen Leck wie diesem rechnet und tatsächlich wünscht,
dass es geschieht, weil es zu einem gleichmäßigen langsam Fortschreiten
auf dem Weg in Richtung des Aufdeckens der Wahrheit in dieser Angelegenheit beiträgt.

Seit dem Ausscheiden bei CARET

Wie ich sagte, habe ich PACL im Jahr 1987 verlassen, bin aber mit vielen Freunden und Mitarbeitern jener Tage in Verbindung geblieben. Die meisten hiervon sind inzwischen ausgeschieden, ausgenommen jener, die im Lehrberuf weitermachten, doch einige von uns hören immer noch etwas über diese Dinge, zumindest gerüchteweise.

Was CARET selbst anbelangt, bin ich nicht sicher, was daraus geworden ist. Falls es immer noch unter dem gleichen Namen bekannt ist, bin ich ganz sicher, dass es noch in bestimmtem Umfange in Funktion ist, aber wer weiß wo. Ich hörte von einer Anzahl von Leuten, dass PACL vor einigen Jahre nach meinem Ausscheiden den Laden dicht gemacht hat, aber ich habe bisher noch keine klare Antwort erhalten, warum genau dies geschah. Ich bin jedoch sicher, dass die Art der Arbeit, die wir dort machten, noch immer weitergeht. Ich habe von vielen Freunde gehört, dass es mehrere Betriebe wie PACL in Sunnyvale und Mountain View gibt, auch getarnt, um wie unscheinbare Büros zu wirken. Aber dies sind alles Informationen aus zweiter Hand, daher möchte ich es Ihnen überlassen, was Sie damit machen wollen.

Um 2002 oder so ähnlich kam ich zu ‚Coast to Coast AM' und bin seitdem sehr gespannt. Ich gebe zu, ich betrachte die meisten Showinhalte nur als reine Unterhaltung, aber es hat Gelegenheiten gegeben, bei denen ich sicher sein konnte, dass ein Gast offenbar von seinen Erfahrungen aus einer gut informierten Quelle gesprochen hat. Für mich erscheint es manchmal sehr unwirklich, all diese Spekulationen über so genannte Insider-Informationen über UFOs und dergleichen zu hören, aber ich bin selber in der Lage, einige davon als zutreffend oder falsch einzustufen. Ich erinnere mich fast allabendlich daran, wie hektisch die Dinge in jenen Tagen verlaufen sind. Das hilft mir, meinen Ruhestand umso mehr zu genießen. Das Bewusstsein, nicht mehr Teil dieser verrückten Welt zu sein, ist wirklich etwas, das ich täglich genieße, genau so wie ich Einiges davon vermisse.

Ausblick

Was ich bis jetzt mitgeteilt habe, ist nur ein sehr kleiner Anteil von dem, was ich besitze und was ich weiß. Trotz der sehr geschützten und isolierten Atmosphäre innerhalb von CARET lernte ich schließlich sehr viel von den verschiedenen Kollegen, und Einiges von dem, was ich gelernt habe, ist wirklich unglaublich. Ich möchte auch sagen, was es auch immer wert ist, dass ich während meiner Zeit dort nie etwas über Invasionen gehört habe oder von Entführungen oder viele der Furcht erregenden Schlagzeilen, die häufig bei ‚Coast to Coast AM' auftauchen. Das heißt nicht, dass nichts davon wahr ist, aber während meiner Zeit, die ich neben einigen in diesem Bereich gut informierten Leuten arbeitete, kam dies nie zur Sprache. So kann ich letztlich sagen, es ist nicht meine Absicht, irgendjemanden zu erschrecken. Meine Ansicht über die außerirdische Situation ist eine sehr positive, obgleich noch in hohem Grade unter Verschluss.

Eines kann ich definitiv sagen: Wenn die Außerirdischen uns zum Teufel wünschten, dann wären wir schon vor sehr, sehr langer Zeit gegangen, und wir hätten sie nicht einmal kommen sehen. Lassen Sie Ihre Gedanken an einen ‚Krieg der Sterne' oder so etwas Dummes hinter sich. Unser Kampf gegen sie wäre vergleichbar mit dem Kampf von Ameisen gegen den Ansturm einer Büffelherde. Aber das ist in Ordnung. Wir sind eine rückständige Rasse, sie sind eine fortgeschrittene Rasse, und das war's schon. Die anderen fortgeschrittenen Rassen lassen die weniger fortgeschrittenen in ihrem primitiven Zeitalter leben, und es gibt keinen Grund anzunehmen, dass es für uns einen Unterschied macht. Sie sind nicht auf einen neuen Planeten aus, und selbst wenn sie es wären, gäbe es dort draußen viel zu viele Planeten für sie, als dass sie sich um unseren genügend kümmern und ihn mit Gewalt einnehmen würden.

Um noch einmal auf die kürzlichen Sichtungen zurückzukommen, würde ich schätzen, dass das Herumexperimentieren mit dem Fluggerät in den letzten Monaten unter anderem die schiffseigene Tarnkappenfunktion behindert und zu einer plötzliche Welle von Sichtungen geführt hat. Es kann sein, dass dies nicht alle jüngsten Ereignisse erklärt, aber, wie ich sagte, würde ich mein Leben wetten, dass genau das am Big Basin geschah, und in gewisser Weise mit den Sichtungen von Chad, Rajman und am Lake Tahoe. Meiner Meinung nach bedeutet dies jedoch nicht viel, trotz allem Trara hierüber. Viel wichtiger: Sie sind nicht plötzlich ‚aufgetaucht'. Sie sind schon eine lange Zeit hier, aber nun ist es geschehen, dass sie für kurze Zeiten unbeabsichtigt sichtbar wurden.

Zu guter Letzt, es gibt so viele Leute, die Bücher und DVDs verkaufen sowie Vorträge halten und Ähnliches, dass ich von daher noch einmal ausdrücklich betonen möchte: Ich bin hier nicht aufgetreten, um irgendetwas zu verkaufen. Das Material, das ich veröffentliche, steht zur freien Verfügung, vorausgesetzt, es wird nicht verstümmelt und bleibt unverändert und enthält diesen Brief. Ich neige dazu, die Motive anderer Menschen zu hinterfragen, die Geld durch diese Informationen verdienen wollen, und versichere, dass ich niemals so etwas tun möchte. Und in Zukunft, um alle Eventualitäten abzudecken, wird es sich bei jedem, der in meinem Namen Bücher oder DVDs verkauft, zweifellos nicht um meine Person handeln.

Alle zukünftigen Freigaben von mir werden ausschließlich über die E-Mail-Adresse kommen, über die ich normalerweise mit ‚Coast to Coast AM' in Verbindung trete. Ich möchte dieses klar machen, genauso wie ich zusichere, dass die Leute sicher sein können, dass alle zukünftigen Informationen von der gleichen Quelle kommen. Dennoch bin ich mir im Klaren darüber, dass ich derzeit keine weiteren Pläne verfolge, zusätzliche

Information zu verbreiten. Die Zeit wird es mit sich bringen, wie lang ich diesem Grundsatz treu bleiben werde, aber ich denke, so bald wird nichts geschehen. Ich möchte diese Informationen sich eine Weile setzen lassen und sehen, wie es weitergeht. Wenn ich herausfinde, dass ich morgen eine IRS-Anhörung [Anm. d. Übers.: IRS = Internal Revenue Service; zu deutsch: Dienst für interne steuerliche Einnahmen] vorfinde, dann war dies möglicherweise nicht besonders intelligent. Bis dann lasse ich es langsam angehen. Ich hoffe, dass diese Informationen nützlich gewesen sind."

2.2 Das CARET-Dokument

Commercial
Applications
Research for
Extraterrestrial
Technology

Q4-86 Research Report
Dezember 1986
Palo Alto C.A.

Palo Alto Caret Labatory

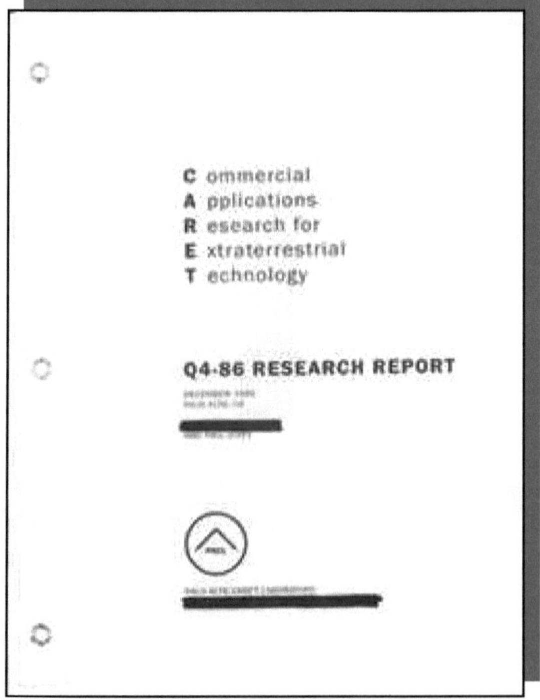

1. Überblick

Dieses Dokument ist eine Einführung zu den vorläufigen Erkenntnissen im Rahmen der Q4 1986 Forschungsphase (im Weiteren als Q4-86 bezeichnet) im Palo-Alto-CARET-Labor (PACL). Gemäß den Richtlinien der Aufgabenstellung des CARET-Programms war es das Ziel dieser Untersuchung, ein besseres Verständnis außerirdischer Technologie zu erreichen und das im Zusammenhang mit kommerziellen Anwendungen und einer Nutzung im zivilen Bereich. Beispiele solcher Anwendungen wären Transportwesen, Medizin, Mechanik, Energietechnologie, Computertechnik und Kommunikation. Das ultimative Ziel dieser Forschung ist die Bildung von Grundlagen einer fortgeschrittenen Technologie, nutzbar für Patenterteilungen.

2. Auszug

Der Prozess der Konvertierung originaler Artefakte außerirdischen Ursprungs hin zu nutzbarer ausführlich dokumentierter Technologie wird als Extraktion bezeichnet. Der Prozess des Extrahierens besteht letztendlich aus zwei Phasen: Zunächst wäre die Schaffung eines theoretischen und operativen Verständnisses für das Artefakt, und als zweites sollen die dem Artefakt zugrunde liegenden Prinzipien herausgearbeitet werden, um es in

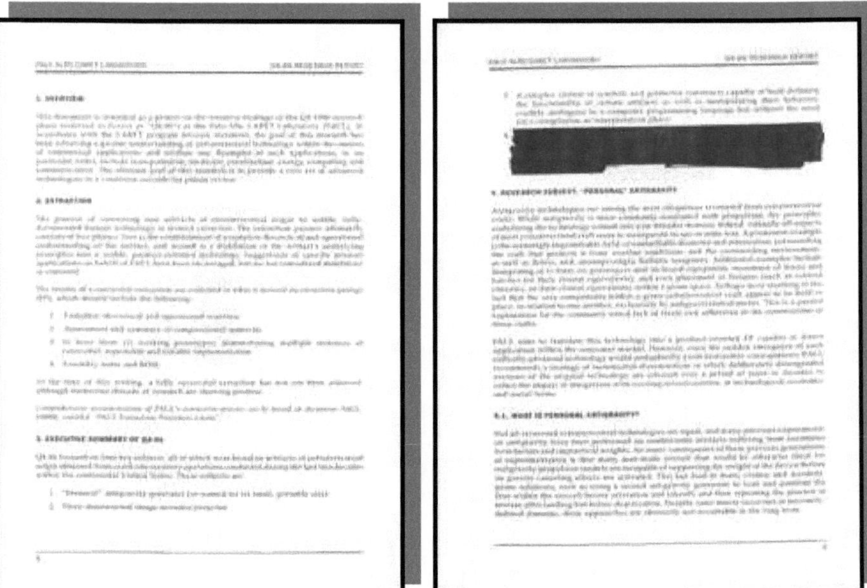

Die Seiten 2 und 3 des CARET-Dokuments

eine brauchbare produktorientierte Technologie zu verwandeln. Anregungen spezifischer Produktanwendungen im Namen von PACL werden gefördert, aber nicht als notwendig oder ausschlaggebend erachtet.

Die Ergebnisse erfolgreicher Extraktion wurden unter der Bezeichnung *Extraktionspaket* (*extraction package*) EP zusammengefasst, das Folgendes enthält:

1. Vollständiger theoretischer und operativer Überblick

2. Einschätzung und Zusammenstellung von unterschiedlichsten Materialien

3. Schließlich drei funktionstüchtige Prototypen, die auf vielfältige Weise erfolgreiche, wiederholbare und zuverlässige Anwendungen aufzeigen

4. Assemblierungsmöglichkeiten und BOM (Business Object Model)

Bis zum Zeitpunkt dieser Niederschrift konnte keine erfolgreiche Extraktion vorgenommen werden, obwohl zahlreiche Forschungsschritte Erfolg versprechen.

3. Zusammenfassung

Q4-86 konzentriert sich auf vier Schlüssel-Tatbestände, die alle auf Artefakten außerirdischer Originale beruhen, die nach Spurenbeseitigung an Absturzorten der letzten zwei Jahrzehnte in den USA geborgen wurden. Es handelt sich dabei um:

1. einen Benutzer-Antigravitationsgenerator, (so benannt wegen seiner kleinen Ausmaße und Portabilität)

2. einen dreidimensionalen Bildrekorder/-projektor

3. ein komplexes System von Symbolen und geometrischen Konstrukten, die zu zweierlei in der Lage sind: sowohl die Funktion gewisser Artefakte festzulegen als auch ihr Verhalten zu bestimmen, grob formuliert, analog einer Computer-Programmiersprache, aber ohne den Gebrauch einer Übersetzungs- oder Interpretationsphase.

4. … (geschwärzt)

4. Untersuchungsgegenstand: Benutzer-Antigravitationsgenerator („Personal Antigravity")

Antigravitations-Technologien gehören zu den ausgeprägtesten Besonderheiten, die von den außerirdischen Fluggeräten bekannt sind. Während Antigravitation zumeist mit Antrieben in Verbindung gebracht werden, findet die Antigravitationstechnologie einen wesentlich breiteren Anwendungsbereich; praktisch alle Aspekte außerirdischer Fluggeräte scheinen eine Nutzung irgendwie mit einzubeziehen. Ein markantes Beispiel ist ein anscheinend undurchdringliches Feld mit kontrollierbarer Ausdehnung und Eindämmung, welches das Fluggerät umgibt und die es vor Wetter- und Umgebungseinflüssen schützen, sowie vor Fremdkörpern und – nicht überraschend – vor ballistischen Waffen. Weitere Beispiele schließen die Dämpfung von G-Kräften auf Insassen und Ausrüstung mit ein, die Bewegung von Türen und Luken (oder Ähnlichem), und sogar die Aufstellung von örtlich fixiertem Inventar (wie Steuerkonsolen oder Ähnlichem) innerhalb eines vorgegebenen räumlichen Bereichs. Vielleicht am erstaunlichsten ist die Tatsache, dass diese speziellen Komponenten innerhalb eines außerirdischen Raumschiffs *ausschließlich* mithilfe von Antigravitationsmethoden fixiert werden. Das erklärt teilweise das allgemeine Fehlen von Nieten oder Klebstoffen im Aufbau des Raumschiffes.

PACL zielt darauf ab, diese Technologie in ein produktorientiertes EP (*extraction package*) zu übersetzen, geeignet zur direkten Anwendung auf dem Verbrauchermarkt. Allerdings könnte das plötzliche Auftauchen einer solch extrem fortgeschrittenen Technologie unzweifelhaft destruktive Konsequenzen nach sich ziehen. PACL empfiehlt daher eine Strategie der schrittweisen Verbreitung, in der auf behutsame Weise vereinfachte Versionen der Originaltechnologie über eine Periode von Jahren oder Jahrzehnten freigegeben werden, um negative Auswirkungen der Integration mit bestehenden Infrastrukturen in technologischer, ökonomischer und sozialer Hinsicht gering zu halten.

4.1. Was ist Benutzer-Antigravitation?

Nicht alle gefundenen außerirdischen Technologien sind gleichwertig, und viele der bisherigen Versuche zur Antigravitation wurden mit sperrigen Artefakten durchgeführt, was mit ungeeigneten Formfaktoren und unpraktischen Gewichten bezahlt wurde. Es entbehrt nicht einer gewissen Ironie bei der Durchführung bisheriger Experimente, dass viele von Menschen gemachte Flugzeuge, die sich für Antigravitationsantriebe ideal eigneten, außerstande wären, das Gewicht der Anlage zu tragen, wenn nicht bereits vorher eine Levitationswirkung aktiviert würde. Dies hat zu vielen schwerfälligen und zu unfallträchtigen Lösungen geführt. Zum Beispiel zu solchen, bei denen ein zweiter Antigravitationsgenerator verwendet werden musste, um den ersten innerhalb des Flugzeugs vor Aktivierung und Abheben aufzuladen und zu positionieren und später den Vorgang nach der Landung umgekehrt vor der Deaktivierung ablaufen zu lassen. Trotz einiger kleiner Erfolge in eng definierten Bereichen sind diese Denkansätze langfristig nicht akzeptabel.

Kürzlich ist jedoch eine neuartige Variante der Antigravitationstechnologie aufgetaucht, unzweifelhaft das Produkt einer andersartigen und weiter fortgeschrittenen Quelle. ...

(Es folgt eine geschwärzte Zeile) ... es kann Antischwerkrafteffekte in einer Größenordnung der beteiligten Artefakte erzeugen, ist dabei kleiner als 60 cm im Durchmesser und wiegt weniger als 2,2 kg.

PACL hat diese Technologie als „Benutzer-Antigravitationsgenerator" („personal antigravity") bezeichnet, da ihr vernachlässigbares Gewicht und ihre Abmessungen eine Antigravitationserzeugung für einen einzelnen menschlichen Benutzer nahe legt. Erste Versuche zeigen, dass trotz der bemerkenswerten Präzisierung des Wirkungsbereiches diese Technologie auch bei einer fast beliebig hohen Nutzlast unverändert anwendbar bleibt.

4.2. Überblick über geborgene Antigravitationsartefakte

4.2.1. Schlüsselartefakte

PACL hat die wesentlichen Antigravitationsforschungen an drei Artefakten durchgeführt. Das erste wird von PACL als „Antigravitationsgenerator" bezeichnet (Abbildung 4.1), ein Gerät, das als eine Quelle für Antigravitation zu dienen scheint, die dann innerhalb des Raumfahrzeuges projiziert werden kann oder von anderen Bauteilen genutzt wird. Die anderen beiden Artefakte sind gebogene I-strahlförmige Segmente (I-beam-segments) (Abbildung 4.2), die, wenn sie innerhalb eines bestimmten Radius des Generators während eines spezifischen Operationsmodus platziert werden, sofort eine bestimmte Position einnehmen, die sie vermutlich im originalen Aufbau des Raumschiffs haben.

Das Generatorartefakt trägt die Bezeichnung A1. Die I-strahlförmigen Artefakte sind mit A2 und A3 benannt.

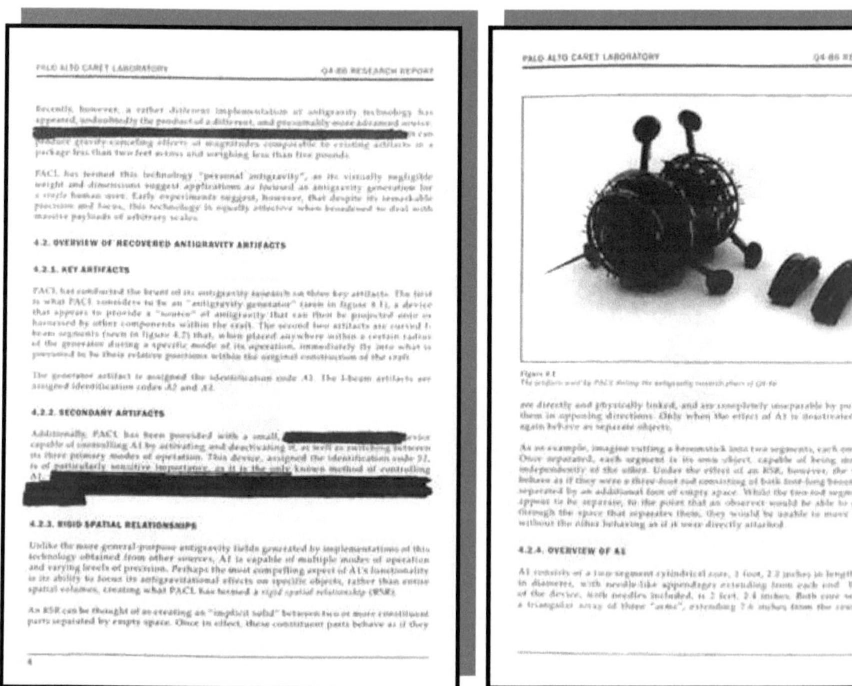

Die Seiten 4 und 5 des CARET-Dokuments mit Abbildung 4.1

Abbildung 4.1: Der Antigravitationsgenerator

Abbildung 4.2: Die I-strahlförmigen Segmente

70

4.2.2. Zweitrangige Artefakte

Zusätzlich ist PACL mit einer kleinen ... (geschwärztes Wort) Vorrichtung ausgestattet, die in der Lage ist, A1 durch Aktivierung und Deaktivierung zu steuern, sowie auch zwischen drei primären Operationszuständen umzuschalten. Die Komponente, bezeichnet als S1, hat eine besonders empfindlich ausgetüftelte Funktion, da sie als einzige A1 steuern kann.
(Es folgen zwei geschwärzte Zeilen).

4.2.3. Starre räumliche Beziehungen

Anders als im Falle des mehr allgemein gehaltenen Anwendungsspektrums antigravitativer Felder, das sich unter Berücksichtigung der anderen Quellen ergibt, verfügt A1 über mehrere Operationsmodi auf verschiedenen Präzisionsebenen. Der vielleicht auffälligste Aspekt von A1's Funktionalität ist die Möglichkeit, Antigravitationseffekte auch auf einzelne Objekte genauer zu fokussieren, im Gegensatz zu ausgedehnteren Raumbereichen. PACL hat dies als „starre räumliche Beziehungen" (RSR = rigid spatial relationships) bezeichnet.

Ein RSR kann man sich vorstellen als Erzeugung von so etwas, wie einen „Festkörper". Dieser besteht aus zwei oder mehr Einzelteilen, getrennt durch leeren Raum. Einmal in Tätigkeit, verhalten sich die einzelnen Teile so, als ob sie direkt und physikalisch miteinander verbunden wären. Sie sind gleichsam untrennbar, auch dann, wenn sie in entgegengesetzte Richtungen gezogen oder gestoßen werden. Nur dann, wenn die Wirkung von A1 deaktiviert wird, verhalten sie sich wieder wie gewöhnliche getrennte Objekte.

Beispiel: Man stelle sich vor, dass man einen Besenstiel in zwei Teile zertrennt. Jedes Teil sei gleich lang. Einmal getrennt ist nunmehr jedes Segment ein Objekt für sich, das unabhängig vom anderen bewegt oder gedreht werden kann. Unter der Wirkung eines RSR jedoch verhalten sich die Einzelteile des Besenstiels als Ganzes so, als ob sie dreimal so lang wären, bestehend aus den beiden Einzelteilen und einem leeren Zwischenraum. Die beiden Besenstielteile würden jedoch immer noch getrennt erscheinen. Wenn nun ein Beobachter seine Hand in den Leerraum hielte, würde er nicht in der Lage sein, einen der beiden Teile ohne den anderen zu bewegen. Es wäre so, als ob diese Einzelstücke direkt miteinander verbunden wären.

4.2.4. Überblick zu A1

A1 besteht aus einem zweiteiligen zylindrischen Ankersegment, 35 cm lang und 25 cm im Durchmesser, mit nadelförmigen Enden auf jeder Seite. Die Gesamtlänge einschließlich der Nadeln beträgt 67 cm. Beide Ankersegmente haben eine dreistrahlige Anordnung von drei Armen, die

vom Mittelpunkt aus 19 cm weit reichen. Jeder endet in einer runden Plat-
te mit einem Durchmesser von 5 cm. Das Gerät wiegt etwa 3,8 kg.

Die Untersuchungen der inneren Funktion von Q4-86 begannen spät,
weshalb auch nur wenig bekannt ist. Sicher ist jedoch, dass die Anordnung keine beweglichen Teile enthält, keine Steuerungsschnittstelle in
Form von Knöpfen, Schaltern oder Hebeln, und sie kann anscheinend nur
durch die Technik in S1 beeinflusst werden. Auf Grund des begrenzten
Datenmaterials, zu dem PACL Zugang gewährte – das waren Platzierung
und Befestigung im ursprünglichen Raumfahrzeug – konnte man folgern,
dass A1 einer von zwei identischen Generatoren war. Beide schienen für
sämtliche antigravitationsbezogenen Funktionen ausgelegt zu sein, vom
Vortrieb des Flugkörpers bis hin zur Platzierung aller Gegenstände im
Flugkörper. Aus dieser Information, wie auch aus Untersuchungen, die
man mit S1 durchführte, ließ sich ableiten, dass A1 in einem von drei verschiedenen Modi operieren kann:

1. Betriebsmodus: A1 erzeugt ein Feld von (wahrscheinlich) beliebiger
Größe und jeder Form, die als konvexe räumliche Ausdehnung beschrieben werden kann. Innerhalb dieses Feldes kann die Gravitation auf jeden
gewünschten Wert und jede Richtung eingestellt werden. Die Parameter
dieses Modus, einschließlich der Form des Feldes selbst, werden durch …

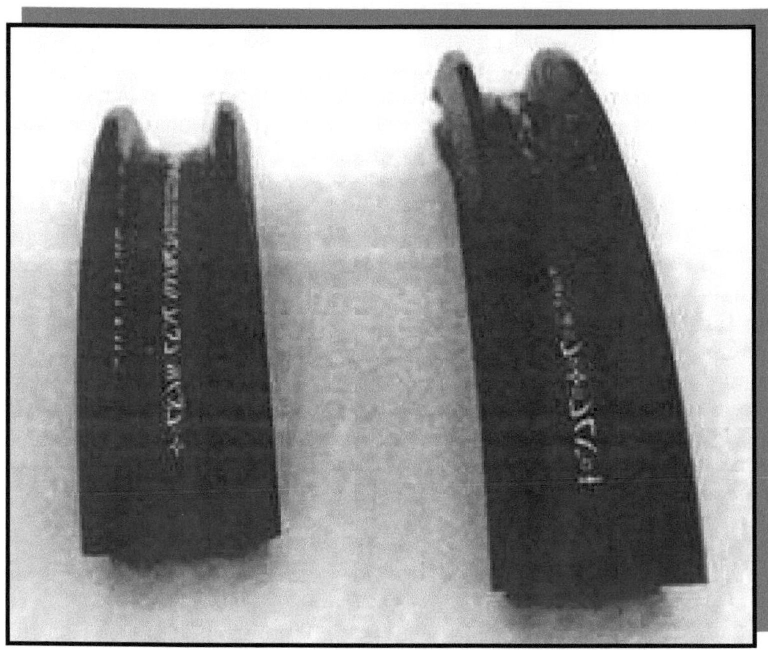

Die I-strahlförmigen Segmente

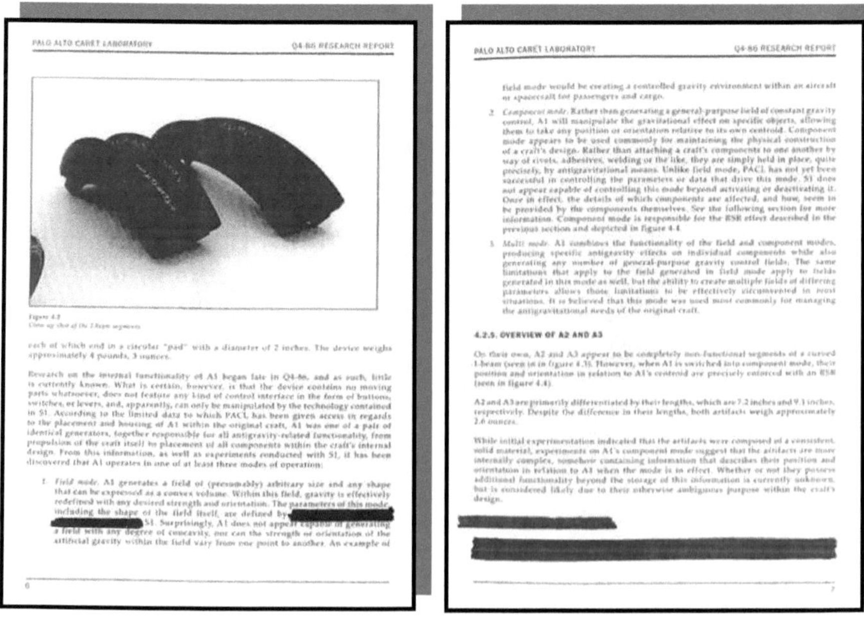

Die Seiten 6 und 7 des CARET-Dokuments mit Abbildung 4.2

(geschwärzte Zeile) S1 festgelegt. Überraschenderweise scheint A1 weder in der Lage zu sein, ein Feld zu erzeugen, das eine konkave Ausformung hat, noch kann die Stärke oder Ausrichtung der künstlich erzeugten Schwerkraft innerhalb dieses Feldes von einem Punkt zum anderen variieren. Ein Beispiel für den Betriebsmodus ist die Erzeugung einer kontrollierten Schwerkraftumgebung innerhalb des Luft- oder Raumfahrzeugs für die Insassen oder die Ladung.

2. *Komponentenmodus*: Neben der Erzeugung eines allgemeinen konstanten Gravitationsfeldes, kann A1 die Schwerewirkung auf spezielle Objekte beschränken. Hierbei können diese Objekte jede Lage oder Ausrichtung bezüglich ihrer eigenen Schwerpunkte einnehmen. Generell scheint der Komponentenmodus gebraucht zu werden, um den physischen Aufbau des Schiffes zu erhalten. Anstatt der Befestigung von Schiffskomponenten untereinander durch Nieten, Kleben oder Schweißen usw. werden diese ganz einfach durch Antigravitationsmethoden positioniert. PACL war bisher nicht in der Lage, die Parameter oder Daten für diesen Modus erfolgreich einzusetzen. Das bedeutet, mittels S1 scheint man nicht in der Lage zu sein, diesen Modus zu beherrschen, außer bei der Steuerung der Aktivierung und Deaktivierung. Einmal in Betrieb, scheinen Einzelheiten darüber, welche der Komponenten wie beeinflusst werden sollen, durch diese Komponenten selbst bestimmt zu werden. Weitere Infor-

Abbildung 4.4: Der Antigravitationsgenerator mit den I-strahlförmigen
Segmenten im Zustand der starren räumlichen Verbindung (RSR)

mationen im folgenden Abschnitt. Der Komponentenmodus ist verantwortlich für den „RSR-Effekt". Dies wurde bereits im vorherigen Abschnitt beschrieben und ist in Abbildung 4.4. dargestellt.

3. Multimodus: A1 kombiniert die Funktionalität des Betriebs- und
Komponentenmodus, indem es sowohl spezielle Antigravitationswirkun-
gen auf einzelne Teile ausübt als auch zahlreiche Arten von Feldern zur
Gravitationskontrolle erzeugt. Dieselben Einschränkungen, die für die
Felderzeugung im Betriebsmodus gelten, gelten in gleicher Weise auch
für Felder, die im Multimodus erzeugt werden. Aber die Möglichkeit,
Feldmodifikationen mit unterschiedlichen Parametern durchzuführen,
erlaubt es, solche Einschränkungen in den meisten Situationen zu umge-
hen. Wir sind davon überzeugt, dass dieser Modus hauptsächlich angewendet wurde, um den Anforderungen an eine Antigravitationseinrichtung
im Originalschiff zu genügen.

4.2.5. Überblick zu A2 und A3

Für sich betrachtet scheinen A2 und A3 vollkommen funktionslose Segmente in einer gebogenen I-Strahlform zu sein (Abbildung 4.2). Wenn jedoch A1 in den Komponentenmodus geschaltet wird, dann werden Lage und Ausrichtung dieser Segmente – bezogen auf den Schwerpunkt von A1 – durch RSR äußerst genau festgelegt (Abbildung 4.4).

A2 und A3 unterscheiden sich in erster Linie durch ihre Länge, die 18 bzw. 23 cm beträgt. Trotz ihrer unterschiedlichen Längen wiegen beide Artefakte ungefähr 74 g.

Während erste Versuche ergaben, dass die Artefakte aus einem konsistenten festen Material bestehen, deuten Versuche mit A1 an, dass die Bauteile im Inneren komplexer sind, so als ob sie irgendwie eine Information enthielten, die ihre Lage und Ausrichtung bezüglich A1 vorgeben würden, wenn der Modus in Betrieb ist. Ob sie weitere Funktionalität über die Speicherung dieser Information hinaus besitzen oder nicht, ist zurzeit nicht bekannt. Dies wird jedoch angenommen wegen ihres vielseitigen Zwecks innerhalb der Schiffskonstruktion.

2.3 Die zweite E-Mail „Isaacs"

In einer Diskussion auf die Veröffentlichung von Isaac in einem Forum auf einer Webseite von www.earthfiles.com [Ho] wurden Äußerungen gemacht, auf die Isaac im Folgenden eingeht.

„Es gibt da einige Missverständnisse, die ich bemerkt habe. Ich möchte diese klarstellen. Zudem will ich gern Ihre Fragen beantworten:

1) Ich musste feststellen, dass ich mich nicht immer verständlich ausgedrückt habe. Ich möchte nochmals klar betonen, dass ich nicht verantwortlich für die Schwärzungen im Q-86 Report bin. Der größte Teil der Kopien, die ich anfertigen konnte, stammten von bereits archivierten Dokumenten. Das bedeutet, diese waren bereits für den öffentlichen Zugang zensiert, falls ein solcher Zugang einmal notwendig sein sollte. Eine strenge Geheimhaltung war somit nicht für die gesamte Information von CA-RET angedacht. Mein Anliegen ist es, diese gleichsam freie Information mit Anderen zu teilen. In Fällen jedoch, wo ich Material, aus welchem Grund auch immer, für zu kompromittierend hielt, habe ich deutlich gemacht, dass ich hier persönlich etwas unleserlich gemacht habe. Wo es mir möglich erschien, habe ich die genauen Gründe offengelegt.

2) Leider verstehe ich Ihre Frage, betreffend das Diagrammformat von 8,5 x 11 nicht ganz. Wie ich in meiner ersten E-Mail erwähnt habe, handelt es sich bei den Diagrammen um eine Reproduktion und nicht um ein Original. Wir hatten ein Team von technischen Zeichnern, welches peinlich genau das Diagramm von der Originalquelle kopierten; von einer leicht gewölbten Oberfläche, nicht unähnlich der, wie wir sie auf dem Big -Basin-Objekt erkennen können; obwohl diese Fläche hier augenscheinlich im Inneren des Objektes lag und nicht außen. Wir kopierten das Ganze mit unserem technischen Zeichenprogramm – Dauer des Vorgangs etwa einen Monat.

Gemessen am heutigen Standard war unsere Software primitiv. Dieses Werkzeug erwies sich jedoch um Längen besser, als der ausschließliche Umgang mit Papier und Bleistift. Dies machte die Aufgabe, die ansonsten kaum zu bewältigen gewesen wäre, einigermaßen durchführbar – wenn auch äußerst zeitaufwändig. Ich kann Ihnen versichern, „sie" machten es uns nicht gerade einfach. Einer der Gründe, weswegen wir dieses Teildiagramm reproduzierten, lag darin, dass von allen Diagrammartefakten, zu denen wir Zugang hatten, dieses auf der ebenmäßigsten Oberfläche angebracht war.
Die Geometrie der Formen schien uns extrem wichtig. Daher musste die Krümmung der Oberfläche, auf der es angebracht war, „korrigiert" werden. Grund: Die Oberflächenkontur nach dem Reproduktionsprozess war eine andere (nämlich so, wie die einer ebenen Papierseite). Man kann so etwas auf verschiedene Weise erreichen. Entweder, man benutzt ein ma-

thematisches Modell, um Krümmungseffekte der Oberfläche auf die Diagrammform auszugleichen. Oder man benutzt physikalische Messmethoden, die eine präzise Vermessung irregulärer Oberflächen erlaubt. In beiden Fällen kommt jedoch eine neue Form von zusätzlicher Arbeit auf einen zu – neben der bereits extrem zeitintensiven anderen Arbeit. Wo immer möglich, wird man so etwas vermeiden. Wir benötigten jedoch nur ein oder zwei genauestens kopierte Diagramme, die als geeignete Beispiele für unsere Decodier- und Reproduktionsprogramme dienten. Glücklicherweise gehörte das nicht zu den Dingen, mit denen wir uns sehr oft befassen mussten. Es war einiges Experimentieren notwendig, um geeignete Wege für das Scannen der Diagramme zu finden. Wir nutzten einen fast vollständig automatisierten Prozess. Dieser ermöglichte einen selbständigen Zugang zum Problem der gewölbten Oberflächen. Zu meiner Zeit wurden jedoch nur wenige Fortschritte in diesem Frontbereich der Forschung gemacht.

3) Ich nehme an, die Konfusion über die Qualität der Dokumente rührt daher, dass er [der Kritiker] diese [die CARET-Dokumente] in gedruckter Form vorfand, was einen entsprechend falschen Eindruck hinterließ. Jenes war jedoch nicht der Fall. In erster Linie bin ich kein Guru, was Grafik und Design anbelangt. Aber der enge Kontakt mit zahlreichen Leuten in Einrichtungen, wie XPARC gibt einem genügend Hintergrundwissen über den letzten Stand der Dinge auf diesem Gebiet. Das Allerwichtigste, was man in Betracht ziehen sollte, ist, dass für das Desktop-Publishing [Publizieren vom Schreibtisch – die Red.] geeignete Systeme viele Jahre vor CARET entwickelt wurden. In der Startphase war hauptsächlich Xerox Alto (in 1973) beteiligt, das XPARC als Solches entwickelte.

Tatsächlich habe ich einmal etwas von jemandem aus dem ursprünglichen Alto-Team gehört, nämlich dass Boeing (wenn ich mich richtig entsinne) Alto dazu benutze, Layout und Druck der Dokumentation für eines ihrer Flugzeuge (oder so etwas Ähnliches – ich hörte diese Geschichte vor zig Jahren) zu gestalten. Das Witzige daran war eigentlich, dass die Dokumentation derart umfangreich war, dass das ganze Flugzeug bis zum Rand damit hätte beladen werden können. Weiterhin war bereits der Laserdruck seit vielen Jahren weit verbreitet, wenn auch in einer sehr teuren Ausführung. All dies wurde ebenfalls innerhalb von XPARC entwickelt – mehr oder weniger. Andere Systeme, wie PERQ und Lilith verbreiteten sich ebenfalls in den späten Siebzigern. Auch wenn nichts hiervon groß in den Handel gebracht wurde, so waren doch diese Systeme in großen Firmen und hauptsächlich den Universitäten nicht unbekannt und wurden äußerst produktiv genutzt.

Diese Systeme regten die Entwicklung von Apples Lisa und Macintosh an; wahrscheinlich war dies einer der größten Einflussnahme auf den Boom des Desktop-Publishings im Verbraucherbereich in den späten Achtzigern und frühen Neunzigern. Um 1984 gab es nur wenig freie Auswahl an Anwendungssystemen, um diese Art von Dokumenten zu verfassen. Die Herstellung erwies sich als dermaßen teuer, dass dies bereits ans Absurde grenzte. Heutzutage gibt es entsprechende Anwendungen gleichsam an jeder Straßenecke. Augenscheinlich zeichnete sich damals eine Wendung in der Entwicklung, auch hin zu einer größeren Benutzerfreundlichkeit noch nicht ab, wie es heute der Fall ist. Allenfalls zeichnete sich eine sehr grobe Annäherung an diesen Prozess mit ähnlichen Hilfsmitteln ab. Wir hatten damals auch viel weniger Möglichkeiten und alles ging unerträglich langsam voran. Um nun wieder auf den Punkt zu kommen: während unsere Dokumentationsmethode für die damalige Zeit als fortschrittlich, wenn auch ungewöhnlich anzusehen ist, war so etwas für jeden anderen fast unerreichbar. Dies galt auch für Organisationen, die trotz ausreichender Motivation und Finanzierung gut durchstrukturiert waren.

Ich hatte nur sehr wenig Kontakt zu den Gestaltern der Dokumentation. Ich weiß jedoch genau, dass wir die oben beschriebene Technologie für Layout und Druck der Seiten einsetzten. Man erwartete von CARET die Produktion eines großen Umfanges an detailliertem, gut formatierten Dokumentationsmaterials, das auf vielfältige Art leicht modifizierbar und wieder verwendbar war, unter anderem in zahlreichen Konzepten und Verbesserungen. Wir wären nicht dazu in der Lage gewesen, wenn wir die gängigen Seitenlayouts und Satztechniken angewandt hätten. Die Mitte der 1980er Jahre stellte schwerpunktmäßig eine Übergangsperiode in diesem Bereich dar, und ich bin davon überzeugt, dass die Leute nicht davon ausgingen, dass wir von den üblichen Standards abwichen.

Eines der Dinge, die ich mir von CARET am meisten erhoffte war, dass man uns die Technologie ohne viele Debatten überlassen würde, wenn sie einmal anwendbar war und wir sie benötigen sollten. Aber Satz und Layout digitaler Seiten sind vergleichbar mit Äpfeln und Birnen, obwohl ich denke, dass das meiste hiervon einer Diskussion wert ist.

Es ist eine grundlegende Tatsache, dass viele Leute sowohl innerhalb als auch außerhalb des Technologiebereiches oft unterschätzen, wie lange wir den Umfang an technischem Wissen bereits haben. 99% aller Algorithmen ((also mathematischen Berechnungsformeln)), die wir heutzutage benutzen, wurden bereits vor Jahrzehnten entwickelt. Diese hatten jedoch dieselben praktischen Anwendungen, wie sie heute bestehen. Die meisten Fachkräfte der Sechziger und Siebziger waren bereits mit den heutigen Entwicklungen und Theorien vertraut. Der einzige Unterschied besteht darin, dass die Dinge kleiner und schneller geworden sind. Für den größten und überwiegenden Teil der Technologien ist dies das Einzige, das sich beim Übergang in eine neue Ära *tatsächlich* verändert hat. Wenn ich dem Durchschnittsbürger erzähle, dass wir bereits 1936 Technologien für Sprachsynthese besaßen, so würde er mir das wahrscheinlich kaum glauben.

Ich könnte Ihnen den Prototyp eines einfachen Entwurfs- beziehungsweise Designsystems von 1960 zeigen, das mit einem Lichtzeiger direkt auf dem Bildschirm arbeitet. Sie konnten freihändig eine Form zeichnen, diese unmittelbar rotieren lassen, sie modifizieren, duplizieren oder was auch immer. Sie konnten Linien ziehen und auf diese Weise verschiedene Objekte miteinander verbinden. Und anschließend mit einer Durchstreichbewegung wieder löschen. Der Computer konnte diese Durchstreichbewegung als Löschanweisung interpretieren – alles in Echtzeit. Der Punkt ist, dies alles war bereits vor einem halben Jahrhundert machbar und Jahrzehnte vor CARET. Denken Sie vielleicht einen Augenblick darüber nach. Der Punkt ist, das Meiste, was wir heute haben, ist viel älter, als wir denken. Die einzigen Unterschiede, alles ist schneller, billiger, und ein Marketingteam sorgt für einen glanzvollen Abschluss und schafft so eine kommerzielle Anwendung. Aber wenn Sie einmal teilweise von Eigenschaften wie Geschwindigkeit, Potenzial, Marktdurchdringung, Anziehungskraft auf den Verbraucher, absehen, dann finden Sie eine Menge an heutiger Technologie über das gesamte zwanzigste Jahrhundert verteilt. Ich hoffe, ich konnte Ihnen damit weiterhelfen.

In einer weiteren E-Mail 3 Stunden später schreibt „Isaac":

1) Ich war keiner der Hauptverantwortlichen in der CARET-Organisation. Ich war aber auch nicht ‚irgendein Arbeiter' in strengem Sinne. Meine mittlere Managementposition war der einzige Grund, weshalb ich tun konnte, was ich tun musste. Bitte denken Sie daran, dass sogar jemand in meiner Position niemals die Gelegenheit bekam, das Gebäude auch nur mit dem kleinsten gerade untersuchten Artefakt zu verlassen. Jedoch Gedrucktes herauszuschmuggeln war für jeden möglich, der sich nicht gerade dazu genötigt fühlte, so etwas wie einen Freudentanz aufzuführen.

Wir wollen auch nicht vergessen, dass es Gedrucktes in rauen Mengen gab. Ich nehme einmal an, ich bin der Erste, der darin zustimmt, dass alles, was ich hier dargestellt habe, eine Fälschung sein könnte. Genau genommen liegt trotz aller meiner Ausführungen eigentlich nur eine Serie von Bildern vor. Während die Mächte offensichtlich nicht wollen, dass dieses Material durchsickert, was es möglichst zu verhindern gilt, so sind diese Institutionen sich sicher und dessen gewiss, dass das Kopieren von Dokumenten sich nicht in der selben Liga abspielt, wie etwa eine UFO-Landung auf dem Rasen des Weißen Hauses. Ich wäre nicht der Erste, Information über ein Dokument oder Foto durchsickern zu lassen – und auch nicht der Letzte. Die Information, die ich verbreitet habe, ist denkbar ungeeignet, die Welt zu verändern, und dies ist der Grund, warum ich mir keine Sorgen darüber mache, wirklich ermordet zu werden, falls ich identifiziert werden sollte. Sicherlich müsste ich mit Konsequenzen rechnen, jedoch nicht von der Art, für die man umgebracht wird.

2) Mit Sicherheit sieht das Handbuch nicht wie eines der typischen von der Regierung oder dem Militär abgefassten Dokumente aus. Es war die volle Absicht von CARET, den Eindruck eines privaten Unternehmens aus Silicon Valley zu erwecken, es mit Fachkräften aus der Privatindustrie zu besetzen und das Problem der Erforschung außerirdischer Technologie anzugehen. Stilhandbücher waren unter den verschiedenen Dingen, die wir von der ‚Außenwelt' mitbrachten. Ich weiß nicht, was man sonst noch darüber sagen könnte. Ich stimme damit überein, dass es mit solchen Nichtstandarddokumenten unüblich ist, eine derartige Forschung schriftlich zu fixieren. Es war jedoch noch befremdlicher für Leute wie mich (und vielleicht noch wesentlich mehr vom Üblichen abweichend für viele meiner Mitarbeiter) auf einem der ersten Plätze in ein solches Projekt involviert zu werden. Der größte Teil von uns gehörte fraglos nicht zu den Militärpersonen. Ich fand dies eigentlich noch bizarrer, als die Tatsache, dass wir unsere Berichte auf eine bestimmte Art verfassten. CARET war eine Ausnahme von den üblichen Regeln.

3) Wenn er [gemeint ist einer der vielen Kritiker, die eine E-Mail an Earthfiles sandten] glaubt, dass die Bilder gefälscht sind, dann kann ich nichts tun oder sagen, um das Gegenteil zu beweisen.

4) Es ist am allerwichtigsten, Vorsicht gegenüber jedem walten zu lassen, der etwas über die Wesenszüge von Außerirdischen zu wissen vorgibt. Die Kommentare, die er gegeben hat, sind, um es gelinde zu sagen, naiv und äußerst vorurteilsbehaftet. Zunächst bezieht er sich auf ‚die Aliens', als ob es sich um eine einzige zusammenhängende Gruppe handelte. Das Universum ist in ‚Menschen' und ‚Nichtmenschen' unterteilt, genauso wenig wie man die Erde in ‚Spanier' und ‚Nichtspanier' oder ähnlich unterteilen kann. Die zahlreichen Rassen – und um es noch einmal zu betonen, genauso wie unsere eigenen menschlichen Rassen hier auf der Erde – tun Dinge auf eine sehr unterschiedliche Weise.

Sein Kommentar, dass ‚die Aliens dieses oder jenes nicht tun' wäre ähnlich der Aussage ‚Menschen sprechen kein Japanisch'. Nun gut, viele Menschen sprechen tatsächlich kein Japanisch, aber Japaner tun dies sicherlich. Der Punkt ist nicht, dass seine Aussage richtig oder falsch ist – sie ist schlichtweg auf eine unlogische Weise formuliert. Er behauptet in seinen nachfolgenden Ausführungen, die Konstruktion der Drohnen sei verschwendete Zeit. Dies verweist ein weiteres Mal auf seinen arroganten Standpunkt. Wir haben einige der brillantesten Köpfe auf dieser Welt, die Jahre damit verbrachten, allein um eine einzige Facette ihrer Technologie zu begreifen, währenddessen dieses Individuum darauf beharrt, jedes Detail der vorgegebenen Konstruktion grundlegend einschätzen zu können und allein auf der Grundlage eines einzigen Fotos auf Ineffizienz schließt. Ich bin nicht einmal sicher, ob man eine solche Aussage mit einer Antwort würdigen sollte, aber ich bin sicher, Sie können dies verstehen.

Aus Gründen der Höflichkeit, wer immer diese Person auch sein mag, schreibe ich ihr zurück, sobald sie sagt, ‚die Aliens würden beim Konstruieren niemals so vorgehen, wie es die Bilder zeigen.' Diese Aussage wäre genauso mit Vorurteilen behaftet, (wenn nicht gar ignorant), wie wir es von diesem Subjekt erwarten können oder von irgendeinem Informanten. Außer es gibt einen außerirdischen Fachkollegen auf der anderen Seite der E-Mail-Korrespondenz. Ansonsten wären solche Aussagen sinnlos.

Am Besten wäre es, er wäre mit der Technologie einer vollkommen andersartigen Rasse konfrontiert. Schlimmstenfalls wüsste er nicht, worüber er sprechen sollte. Dieser außerirdische Fachkollege mag Zugang zu direkter Information haben – oder auch nicht. Hätte er nur Information aus zweiter Hand, dann wäre ich nicht daran interessiert, ihn zu attackieren. Falls nicht und er sich lediglich etwas zurechtlegte, dann wäre ich sogar noch weniger interessiert. Was immer er auch für mich sein mag, jedoch über die Art und Weise zu urteilen, wie er an dieses Thema herangeht, da hätte ich so meine Zweifel.

Die Welt ist groß und es gibt komplexe Sachverhalte. Ein Gespür für Bescheidenheit und die Einsicht, dass wir nicht alles wissen, ist eines unserer größten Vorzüge.

3. Analyse der Dokumente

auf ihre Echtheit

von Dr. Peter Hattwig

Wenn der Nachweis gelänge, dass die Dokumente echt sind, wäre das eine Sensation, denn es würde nicht mehr und nicht weniger bedeuten, als dass die Amerikaner im Besitz außerirdische Fluggeräte wären. Doch leider – wie nicht anders zu erwarten – kann ein solcher Beweis nicht erbracht werden. Den kann nur das amerikanische Militär selber führen. Was bleibt, das sind Indizien, die bei sorgfältiger Recherche belegen können, dass die Dokumente echt sind.

Hierfür gibt es drei Ansätze: die Motive, die Texte und die Vorlagen.

3.1 Die Fotomotive

3.1.1 Die Darstellungsweise

Zu den Bildern im CARET-Dokument schreibt der deutsche UFO-Forscher Danny Ammon im Jufof Nr. 174 [Am], dem zweimonatlich erscheinenden Magazin der GEP (Gesellschaft zur Erforschung von Phänomenen): „Der technische Report entspricht in Layout, Schriftart und Schreibstil einem fachlichen Dokument aus den achtziger Jahren. Die fotografierten Objekte sind von sehr hohem Detailgrad und erwecken den Anschein, als seien sie in einer speziell für technische Fotografien mit weißem Stoff ausgelegten Kammer fotografiert worden. Die von »Isaac« dann gescannten Fotografien weisen Staubpartikel und Fussel auf. Auf den Dokumenten wiederum sind Kugelschreibermarkierungen und Schwärzungen, die auch auf dem kopierten und gescannten Material gut erkennbar sind."

Mit anderen Worten: Es sprechen starke Argumente für die Echtheit der Dokumente. Da dies nicht von allen Lesern so gesehen wird, werde ich mich in den folgenden Seiten mit einigen Gegenargumente auseinandersetzen.

3.1.2 Drohnen – aber keine UFOs

Die Bezeichnung „UFO-Drohne" erweckt beim unkritischen Leser den Eindruck, dass die fotografierten Objekte ganz „gewöhnliche" unbemannte Flugmaschinen seien, die im Englischen als UAVs = „Unmanned Aerial Vehicles" bezeichnet werden und die durch ihre Verwendung als Tötungsflugmaschinen traurige Bekanntheit erlangt haben. Die in der amerikanischen Literatur häufig verwendete Bezeichnung „Dragonfly" (= „Libelle") ist diesbezüglich unverfänglicher. Als ich die UFO-Drohnen erstmals im DEGUFORUM vorstellte und ihren wahrscheinlich außerirdischen Ursprung andeutete, erhielt ich mehrere Rückmeldungen von Lesern, die mich auf meinen „Irrtum" hinwiesen, dass es sich bei den Objekten um „ganz gewöhnliche irdische Drohnen" handele.

Drohne Heron 1. Quelle: Bundeswehr/Wilke

Drohnen lassen sich – grob gesagt – in zwei Modellvarianten einteilen: in flugzeugähnliche mit einem Propellerantrieb oder Strahltriebwerk und in hubschrauberähnliche Flugobjekte, die zum Beispiel bei Ausstattung mit vier Rotoren als Quadrocopter bezeichnet werden. Allerdings haben nur hubschrauberähnliche Drohnen Ähnlichkeit mit den UFO-Drohnen dieses Buches. Rotoren benötigen einen Antrieb und eine Achse, die aus dem Korpus der Maschine herauskommt – eine Binsenweisheit, die jedoch erwähnt werden muss, da Skeptiker meinen, ohne diese Elemente auskom-

Quadrocopter eines Bremer Modellbauers.
Foto: H.-J. R.

Quadrocopter.
Quelle: http://www.gizmag.com/flying-wing-vtol-uav/13962/

UFO-Drohne des Zeugen „Chad" von unten fotografiert.

men zu können. Oder wie soll ich die Behauptungen deuten, dass es sich bei den UFO-Drohnen um irdische Flugmaschinen handele? In den Bildern sind zwei beliebige im Internet gefundene Drohnen sowie das Modell eines Bremer Freundes zu sehen. Da diese inzwischen auch von Bastlern gebaut werden, entstehen die verschiedensten Formen, die durch das Internet geistern. Eine einheitliche Bauweise gibt es nicht. Betrachten wir die irdischen Drohnen im Betrieb, dann fallen zum einen die Propeller auf, die trotz schneller Rotation eine deutliche Abschattung des Hintergrundes (des Himmels) erzeugen, zum anderen auch die Achsen, die an Auslegern montiert sind, die aus dem Korpus herauskommen.

Den UFO-Drohnen fehlen beide Merkmale. Zur Klarstellung habe ich ein Bild ausgesucht, das die UFO-Drohne von unten zeigt. Man sieht weder die Anzeichen eines rotierenden Propellers, noch erkennt man eine Achse, deren Lager und den Antrieb. Davon abgesehen würde ein einzelner Propeller im Innern des Rings ein instabiles Flugverhalten verursachen.

3.1.3 Die Filmdrohne – Versuch einer Irreführung

Die Diskussion über die mysteriösen Flugkörper nahm eine neue Richtung, als im Oktober 2007 auf „YouTube.com" und „MySpace.com" ein Musikvideo veröffentlicht wurde, in dem die UFO-Drohne und die darauf zu sehenden Schriftzeichen in einer aufwändigen Animation dargestellt und musikalisch mit Zitaten aus Linda Moulton Howes Interviews mit den Sichtungszeugen unterlegt wurde. Sofort stellte sich die Frage, ob der Macher des Videos mit den bisherigen Zeugen der drohnenartigen Flugobjekte in Verbindung stand. Die Glaubwürdigkeit der veröffentlichten Dokumente war in Frage gestellt.

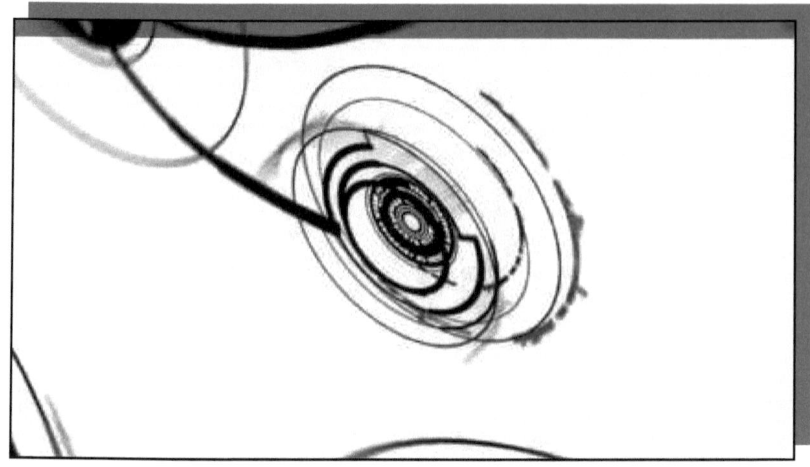

Ausschnitte aus der Video-Animation von Kris Avery.
Quelle: http://www.YouTube.com

Während das Video im ersten Teil immer wieder Bezug auf die Fotos der Flugobjekte nimmt, stellt der zweite Teil hauptsächlich eine animierte Umsetzung jener Grafiken dar, wie sie von dem anonymen Informanten „Isaac" im CARET-Dokumenten vorgelegt wurden. Hierbei fällt auf, dass das Video die zweidimensional vorliegenden Schriftsymbole dreidimensional grafisch animiert umsetzt. Auch die Flugkörper werden in am Computer gerenderten 3D-Animationen gezeigt.

Zwei aufeinander folgende Ausschnitte aus der Video-Animation von Kris Avery, die ein sich drehendes Objekt zeigen. Quelle: http://www.youtube.com/watch?v=XIfr12XhrZE&mode=related &search=

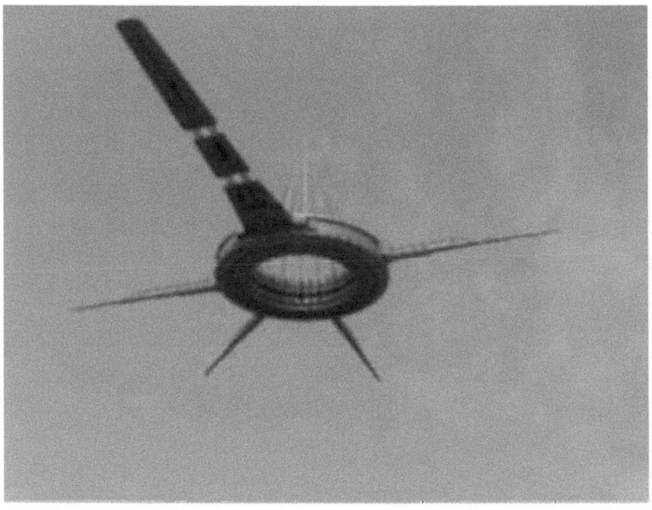

Zwei Ausschnitte aus der Video-Animation, die eine startende UFO-
Drohne zeigt. Quelle: http://www.youtube.com/watch?
v=FRv3WAEnHMc&mode=related&search=

Recherchen ergaben, dass das Video von Kris Avery von den „Kaptive 3D Animation Studios" in Bentley in den englischen West Midlands stammte. Der Urheber machte am Ende des Videos aus seinen Quellen (den Berichten und Interviews von Linda Moulton Howe auf deren Internet-Portal „www.earthfiles.com" und auf „www.CoastToCoastAM.com) keinerlei Hehl.

Die Animationen zeigen ein erstaunlich hohes Niveau an Professionalität in Sachen 3D-Computeranimationen (CGA) und CGIs (Computer Generated Imagery = Filmische Computeranimation). Da Kris Avery ein begabter Grafiker und 3D-Animator ist und zudem Spaß an kreativen Umsetzungen von „Online-Themen" zeigt, liegt eine auch völlig von den Originalvorlagen unabhängige Umsetzung des Materials absolut im Rahmen des Vorstell- und Machbaren. Doch es sollte nicht bei diesem Video bleiben, wie www.grenzwissenschaft-aktuell.de [GWA] schrieb.

Die nächsten drei Videos desselben Urhebers zeigten eine UFO-Drohne im Flug. In allen drei Fällen sieht man das von „Chad" fotografiert Objekt (Kapitel 1.1), wie es sich in einem Videofilm von 51 Sekunden Dauer am Himmel bewegt und dabei langsam dreht (siehe Abbildungen S. 88). Der nächste Film zeigt eine UFO-Drohne in einem nur 10 Sekunden dauernden Film, wie sie sich langsam drehend vom Gelände einer Fabrik aus startet (S. 89). In der dritten Videosequenz sieht man, wie eine Drohne über ein Haus

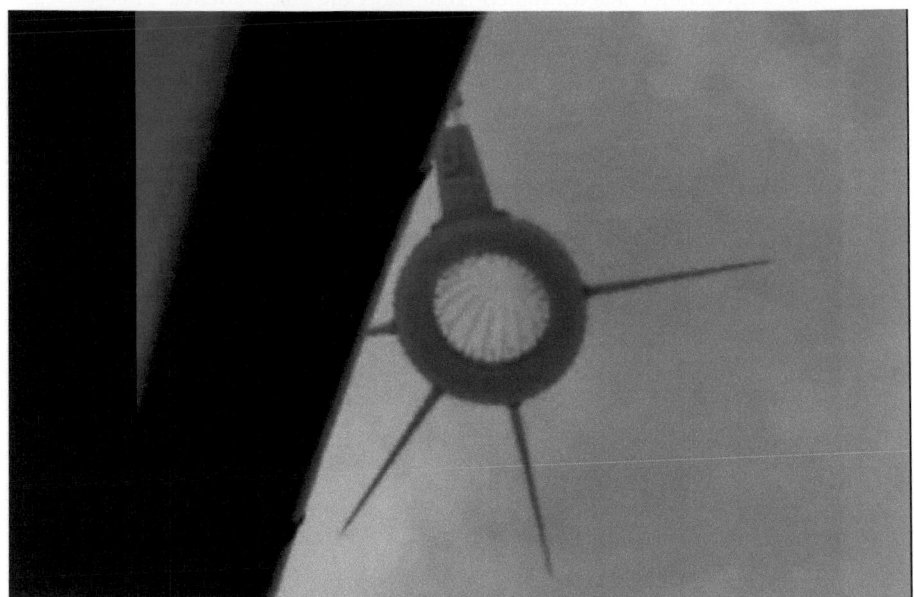

Ausschnitt aus der Video-Animation, bei der die UFO-Drohne scheinbar über dem Hausdach verschwindet . Quelle: http://www.youtube.com/ watch?=XJiCxWUlgcY&mode=related&search=

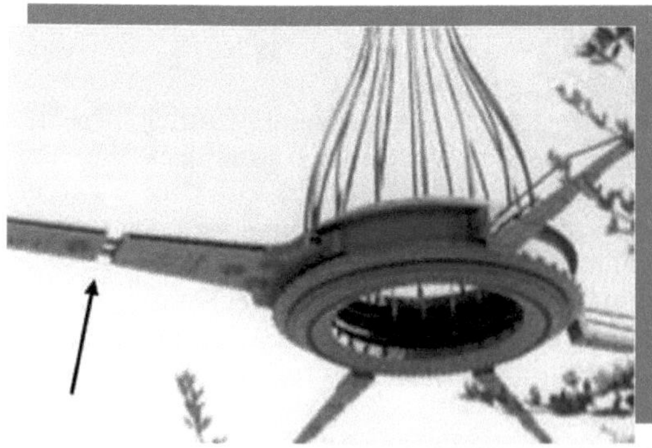

Ausschnitt des Original-
Fotos von „Chad"

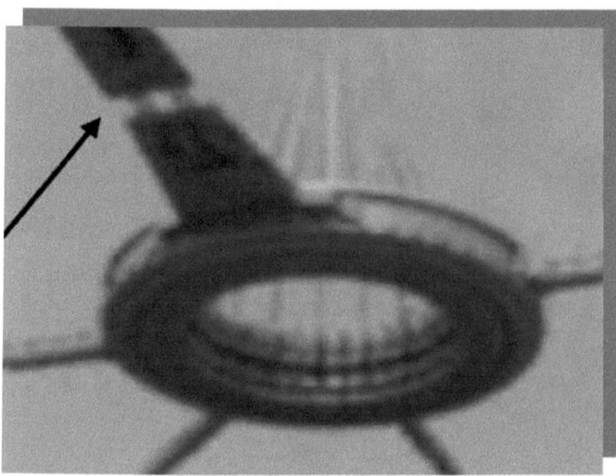

Zwei Ausschnitte aus der Video-Animation. Zum einen zeigen die Bilder
im Vergleich zum Original eine fehlende Brillanz und zum anderen offen-
baren sich technische Umsetzungsprobleme. Die im Original vorhandene
Lücke im großen Ausleger (siehe Pfeil im oberen Bild) fehlt am Anfang
des Films (Pfeil im zweiten Bild) und entsteht erst nach dem Drehen des
Objektes (Pfeil im dritten Bild). Quelle: www.YouTube.com.

fliegt und sauber hinter dem Dachvorsprung verschwindet (S. 90). Auch dieser Film ist nur kurz und dauert 28 Sekunden.

Für alle drei Filme zeichnet zunächst ein Autor verantwortlich, der sich „saladfingers123456" nennt. Das Pseudonym mit dem ironischen Unterton deutete bereits an, dass die Videofilme in einem Trickfilmstudio hergestellt wurden. Ich gebe zu, dass auch mich die Filme im ersten Augenblick verblüfft haben. Eine Fälschung in der gezeigten Qualität hätte ich nicht für möglich gehalten. Allerdings fehlte den Filmen der Begleittext, wie die Filme zustande gekommen sind und was die „Zeugen" dabei empfunden haben. Später kam heraus, dass hinter „saladfingers1234546" auch Kris Avery steckte.

Es wurden schnell Vergleiche angestellt, und es fiel auf, dass den Bildern der Filmdrohne die Brillanz fehlte, die die Fotos von „Chad" auszeichneten. Außerdem enthielten sie „Mängel" im Vergleich zur echten Drohne, wie der Blick auf den großen Ausleger zeigt.

Aufklärung kam vom deutschen Grenzwissenschafts-Portal www.grenzwissenschaft-aktuell.de [GWA], das am 23. 11. 2007 folgende Nachricht brachte: „Nachdem der Computerhersteller „Alienware" kürzlich mit den hieroglyphenartigen Schriftzeichen, wie sie auf vermeintlichen, drohnenartigen unbekannten Flugobjekten zu sehen waren und von angeblich internen Informanten als außerirdische Funktionsschrift bezeichnet wurden, eine neue Computerserie beworben hat, spekulierten zahlreiche Beobachter, dass die ganze Geschichte der bizarren UFOs nichts weiter als ein Werbegag gewesen sein könnte. Dem hat der Hersteller jetzt angeblich widersprochen.

Das Mitglied „banzai" des „OpenMindsForum" hat nach eigenen Aussagen die Firma kontaktiert, auf die Fragestellung angesprochen und dabei folgende Antwort bekommen:

„Vielen Dank für Ihre E-Mail. Es freut uns, dass unsere Werbekampagne auch ihre Forumsdiskussionen zu den CARET-Dokumenten erreicht hat. Alienware hat weder die Informationen zu diesen Phänomenen noch die CARAT-Sprache erfunden [Anm. d. Red.: Falsche Schreibweise, CARAT statt CARET wie im Original]. *Es handelt sich dabei NICHT um das intellektuelle Eigentum von Alienware. Die Informationen wurden seit einiger Zeit anonym im Internet verbreitet. Wir haben die CARAT-Sprache und Schrift als Marketing-Tool verwendet, um unserer Kampagne Aufmerksamkeit zu verschaffen.*
Mit freundlichen Grüßen,
Director of PR Communications
Alienware Corporation"

3.1.4 Die Einzigartigkeit der Flugobjekte

Ein ganz anderes Motiv, das für die Echtheit der Fotos spricht, ist die Einzigartigkeit oder Unvergleichlichkeit der Flugobjekte. Um das Argument besser würdigen zu können, sollte man die Fluggeräte mit Objekten vergleichen, wie sie heute bereits in Betrieb sind, zum Beispiel mit den futuristisch wirkenden Tarnkappenbombern der US Air Force, aber auch mit Objekten, die die Titelbilder von SF-Romanen zieren und in bekannten SF-Filmen wie „Star Wars", „Alien" oder „Star Trek" zu finden sind. Ausnahmslos stellen diese Flugschiffe Extrapolationen gegenwärtiger Flugtechnik dar, insbesondere was den Antrieb und die Flugeigenschaften betrifft. Die Objekte haben meist konventionelle Düsenantriebe und/oder besitzen gleitfähige und strömungsgünstige Tragflächen. In dieser Hinsicht fallen die UFO-Drohnen völlig aus dem Rahmen. Sie stehen in der Luft, obwohl sie keine Tragflächen haben, sie machen keine Geräusche, wie man sie von Verbrennungsmotoren kennt, und scheinen sich trägheitslos zu bewegen.

Flugobjekte in der Science Fiction, hier aus Ben Bovas Fortsetzungsroman zum ersten bemannten Marsflug. Auffällig ist die Darstellung von Antrieben, die auf der Rückstoßtechnik beruhen.

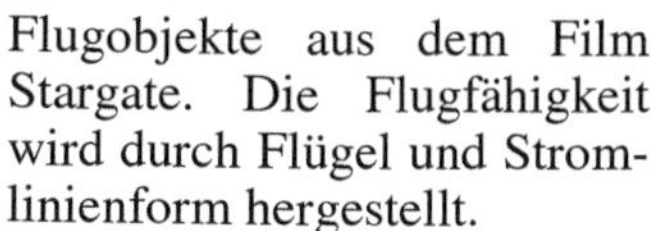

Flugobjekte aus dem Film Stargate. Die Flugfähigkeit wird durch Flügel und Stromlinienform hergestellt.

3.2 Der Neuheitsgrad der Texte

Wie die Fotos bieten auch die Texte einen Ansatz, um nach Indizien der Echtheit zu suchen. Sehr häufig werde ich mit der Behauptung konfrontiert, dass die Berichte erfunden seien. Fast ausnahmslos werden solche Behauptungen ohne Begründung geliefert. Auch im Internet habe ich keine stichhaltigen Argumente gefunden, die mich überzeugt hätten. Mein Forschungskollege und ich gehören zu den Menschen, die keinen Zweifel an der Echtheit der Texte und der Bilder haben. Ähnlich wie bei den Fotos ging ich der Frage nach, ob die Inhalte des CARET-Dokuments bereits in der SF-Literatur aufgetaucht sind. Mit technisch orientierter SF hat die beschriebene UFO-Drohne gemeinsam, dass sie Sachverhalte darstellt, die uns (noch) unbekannt sind. Das ist jedoch die einzige Gemeinsamkeit. Betrachten wir einmal vier Stilelemente, die sowohl in der SF als auch im CARET-Dokument auftauchen: die Telekommunikation, die Antigravitation, die Kraftfernwirkung sowie die Tarnfähigkeit und vergleichen sie miteinander.

3.2.1. Die „Sprache" der Drohne als Mittel der Telekommunikation

Die „Sprache" der UFO-Drohne wird unter dem Oberbegriff Telekommunikation eingeordnet. Sie dient der Technik, Geräte über Entfernungen hinweg zu steuern. Ganz allgemein ist die Telekommunikation Teil der Informationstechnik und somit eine junge Wissenschaft, die im Grunde erst mit der Erfindung digitaler Rechenmaschinen einen eigenständigen Status erreicht hat.

Die Telekommunikation ist einer der sensationellsten Aspekte des CARET-Dokuments, die der Informant preisgegeben hat. Er schreibt: „In unserer Technologie haben wir auch heute noch eine Kombination aus Hardware und Software, die fast alles auf unserem Planeten steuert. ... Aber ihre Technologie ist ganz anders. Sie funktioniert wirklich wie ein magisches Stück Papier, das auf dem Tisch liegt und auf eine bestimmte Art zu sprechen vermag. ... Es kam uns wirklich wie Magie vor, sogar als wir anfingen, die Grundregeln dahinter zu verstehen."

Die Informationen werden nicht mithilfe elektromagnetischer Felder, gleich ob mit Funk-, Radar oder sonstigen Wellen übertragen, sondern über ein Feld, das unserer Wissenschaft nicht bekannt ist und mit Elektromagnetismus nichts zu tun hat. Es soll als Informationsfeld bezeichnet werden, hat aber mit unserer bekannten Informationstechnik nichts zu tun. Im Unterschied zu dieser werden die Daten nicht umgewandelt, um sie zwecks Übertragung in eine geeignete Form zu bringen, und es ist keine Dekodierung der übertragenen Informationen erforderlich, um die in den Daten enthaltenen Befehle umzusetzen.

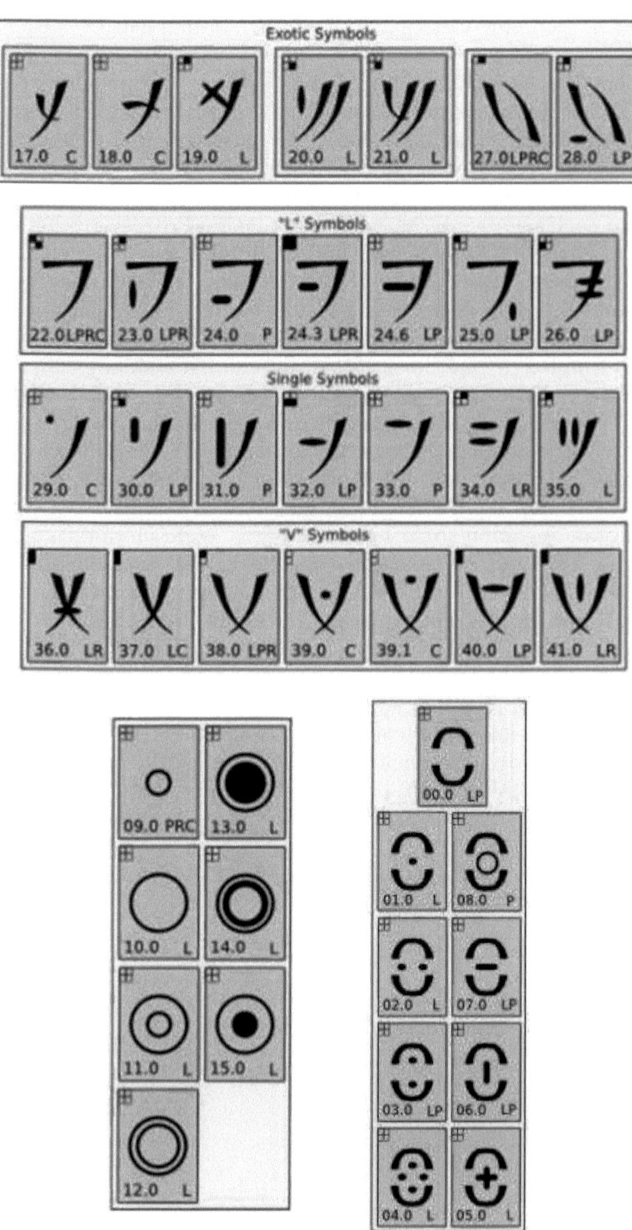

Das „UFO-Drohnen-Alphabet",
das eifrige Drohnen-Leser zusammengestellt haben.
© byonthefence and members of OMF

Das passt nicht im Geringsten zum „Erfahrungsschatz" weder eines technisch ausgebildeten Wissenschaftlers noch eines SF-Lesers, denn zum Thema Telekommunikation finden wir in der „Zukunftsliteratur" im Grunde keine „Innovationen" gegenüber der uns bekannten klassischen Technik. Möglicherweise hängt das damit zusammen, dass unsere Informationstechnik prinzipiell kaum Schwachpunkte offenbart, die verbesserungsfähig wären. Im Gegenteil, sie hat sie in den letzten Jahrzehnten Riesenschritte nach vorn gemacht, man denke an die Prozessortechnik, an die Computertechnik im Allgemeinen und die Funktechnik. Sie setzt digitale Rechner voraus, die von Jahr zu Jahr kleiner und leistungsfähiger werden, und sie setzt Programme voraus, die zu schreiben eigentlich nur Fleißarbeit darstellt. Die uns umgebende Technik zeigt eine Unzahl von Automaten, deren Empfangs- und Steuerungsgerätschaften zu klein sind, um noch großes Potential für Verbesserungen zu bieten. Für eine Extrapolation heutiger Technik in die Zukunft gibt es kaum Spielraum. Das bedeutet: Auch in der SF werden Informationen ausnahmslos mit Hilfe elektromagnetischer Felder übertragen. Die Kodierung und die Dekodierung der Daten sind dabei Aspekte der Technik, die nicht erwähnenswert sind. Dass die Telekommunikation sogar in der heutigen Weltraumforschung ausgezeichnet funktioniert, beweist die Steuerung von unbemannten Raumschiffen und Planetenerkundern, die durch unser Sonnensystem fliegen oder dabei sind, es zu verlassen, wie die beiden Pioneer-Sonden der NASA.

Die im CARET-Dokument beschriebene „Sprache" zwecks Informationsübertragung ist ein Stilelement, das meines Wissens in der SF nirgendwo erwähnt wird. Die Phantasie der Autoren hat sie bisher nicht hervorgebracht. Die Idee, ein nach den Gesetzen der Magie funktionierende Telekommunikation in einem – wirtschaftlich gesehen – nutzlosen Dokument zu erwähnen, statt in einem SF-Roman zu bringen, macht keinen Sinn.

Sie ist das stärkste Indiz für die Echtheit des Dokuments.

3.2.2 Die Antigravitation

Antigravitation ist ein Traum, den Physiker nicht zu träumen wagen, denn sie passt nicht in das Weltbild der modernen Physik, die bis heute noch kaum das Wesen der Gravitation verstanden hat. Daran ändert auch die Tatsache nichts, dass der Nobelpreis des Jahre 2013 an die beiden theoretischen Physiker Francois Englert und Peter W. Higgs gegangen ist, die eine Theorie entwickelt haben, wie die grundlegende Eigenschaft „Masse" zustande kommt. Nach dem „Higgs-Mechanismus" gewinnen bestimmte Austauschteilchen ihre Masse durch Wechselwirkung mit dem sogenannten Higgs-Feld, welches im ganzen Universum allgegenwärtig ist. Auch die Massen aller anderen (massebehafteten) Elementarteilchen wie Elektronen und Quarks werden hierbei als Folge der Wechselwirkung mit dem Higgs-Feld erklärt. Es gibt eine Reihe populärwissenschaftlicher Erklärungen zum Higgs-Feld und seiner Wirkungsweise, auf die der interessierte Leser verwiesen sei. Für uns war nur die Frage wichtig, ob sich aus der Theorie des „Higgs-Mechanismus" auch eine Antigravitation herleiten lässt. Wir sehen keinen Ansatz dafür.

Umso mehr ist die Antigravitation in der SF verbreitet, hilft sie doch nicht nur bei der Überwindung der Anziehungskraft der Erde und der Sonne, sondern auch bei der Beschleunigung von Raumschiffen. Die Beherrschung der Gravitation würde dazu beitragen, das leidige Energieproblem beim Antrieb von Raumschiffen zu lösen, das umso größer wird, je mehr sich die Geschwindigkeit eines Raumschiffs der Lichtgeschwindigkeit nähert. Abgesehen davon gibt es bis heute keine praktischen Ansätze, auch nur in die Nähe dieser Geschwindigkeit zu kommen.

Hierbei klammern alle Autoren die Frage aus, wie Antigravitation erzeugt wird. Könnte es sein, dass die Energie zu ihrer Erzeugung von gleicher Größenordnung ist, wie die Energie zur Beschleunigung des Raumschiffs? Aus energetischen Überlegungen ist die Frage nicht ganz abwegig. Die Entdeckung der UFO-Drohnen scheint das Gegenteil zu beweisen.

Die Antigravitationstechnik dient nicht nur dem Vortrieb, sondern findige Autoren nutzen sie aus, um „Fahrstühle" zu bauen, die auf jegliche Mechanik verzichten und in denen die Menschen in einem Antigravitationsfeld nach unten oder nach oben schweben. Im Kino zu besichtigen beispielweise in den Star-Wars-Filmen.

In der Technologie der UFO-Drohne gehört die Antigravitation „zu den ausgeprägtesten Besonderheiten, die von den außerirdischen Fluggeräten bekannt sind", sagt „Isaac".

3.2.3 Die Kraftfernwirkung

In den Beschreibungen des CARET-Dokuments taucht ein weiteres Stilelement auf, das „Isaac" der Antigravitation zuordnet. Er schreibt: „Während Antigravitation zumeist mit Antrieben in Verbindung gebracht werden, findet die Antigravitationstechnologie einen wesentlich breiteren Anwendungsbereich; praktisch alle Aspekte außerirdischer Fluggeräte scheinen eine Nutzung irgendwie mit einzubeziehen. Ein markantes Beispiel ist ein anscheinend undurchdringliches Feld mit kontrollierbarer Ausdehnung und Eindämmung, welches das Fluggerät umgibt und die es vor Wetter- und Umgebungseinflüssen schützen, sowie vor Fremdkörpern und – nicht überraschend – vor ballistischen Waffen. Weitere Beispiele schließen die Dämpfung von G-Kräften [= Beschleunigungskräften – die Redaktion] auf Insassen und Ausrüstung mit ein, die Bewegung von Türen und Luken (oder Ähnlichem), und sogar die Aufstellung von örtlich fixiertem Inventar (wie Steuerkonsolen oder Ähnlichem) innerhalb eines vorgegebenen räumlichen Bereichs. Vielleicht am erstaunlichsten ist die Tatsache, dass diese speziellen Komponenten innerhalb eines außerirdischen Raumschiffs ausschließlich mithilfe von ‚Antigravitationsmethoden' fixiert werden. Das erklärt teilweise das allgemeine Fehlen von Nieten oder Klebstoffen im Aufbau des Raumschiffes." Nach seiner Aussage wird die Fixierung ausschließlich mit den Methoden der Antigravitation vorgenommen. Ob das so stimmt, das möchte ich in Frage stellen. Wahrscheinlich liegen dieser Technik andere physikalische Prinzipien zugrunde, eine Behauptung, die man allerdings weder in die eine noch in die andere Richtung beweisen kann.

Ein Vergleich dieser Technik mit den Schilderungen zukünftiger Welten in der SF offenbart ein riesiges Defizit zu Lasten der SF. Mir sind keine Bücher oder Kurzgeschichten bekannt, in denen mit Hilfe von Antigravitationstechnik die Fixierung von Inventar vorgenommen würde. Die von „Isaac" beschriebene Abschirmung der UFO-Drohne gegen Witterungseinflüsse und gegen ballistische Körper ist zwar in der SF ein gängiges Stilelement, aber dass dieses Feld durch Antigravitation bereitgestellt wird, das ist auch aus Sicht der SF neu.

Auch hier stelle ich fest, dass die UFO-Drohne der SF „voraus" ist. Es macht keinen Sinn sich komplexe Inhalte auszudenken und in einem nutzlosen Internettext zu veröffentlichen.

3.2.4 Das Tarnkappenfeld

Die Tarnkappe ist eines der ältesten Elemente der phantastischen Literatur. Der Sagenheld Siegfried, der in der Zeit der Völkerwanderung am Niederrhein gelebt haben soll, nutzte bereits eine Tarnkappe, um sich unsichtbar zu machen. Sie kam von Alberich, dem Behüter des Schatzes der Nibelungen, doch Siegfried konnte sie ihm entwenden und für sich benutzen. Die Tarnkappe war fortan also der Umhang Siegfrieds, mit dem er sich zeitweise unsichtbar machen konnte.

Es nimmt nicht wunder, dass die Tarnkappe in der utopischen Literatur des 18. Jahrhunderts wieder aufgenommen wurde, in der SF-Literatur des 20. Jahrhunderts aber eine eher bescheidene Rolle spielt, möglicherweise, weil das Verschwinden in die Unsichtbarkeit dramaturgisch zu wenig hergibt. Das Herannahen eines unsichtbaren Feindes ist weniger spannend als eines sichtbaren (Ausnahmen bestätigen die Regel).

„Isaac" sagt zur Tarnkappe der UFO-Drohnen: „Diese Fluggeräte ... besitzen eine Technologie, die sie unsichtbar machen können. Wichtig ist allerdings, dass diese Unsichtbarkeit durch andere Technologien gestört werden kann, man denke beispielsweise an Radarstörungen. ... Ich möchte wetten, dass sie vermutlich ungewollt Sichtbarkeit erlangten und anschließend wieder unsichtbar wurden, all dies jedoch nur für eine kurze Zeit durch irgendeine örtlich nahe gelegene Störtechnologie."

Bei der Betrachtung der Bilder fällt auf, dass in zwei Fällen die UFO-Drohne eine Stromleitung überquert (Kapitel 1.3 und 1.4). Das elektromagnetische Feld einer Stromleitung ist nicht besonders stark. Wenn dieses dennoch ausreicht, die UFO-Drohne sichtbar zu machen, dann läge eine hohe Störanfälligkeit vor. Oder sollte das Problem von den Betreibern der außerirdischen Technologie durch unsachgemäße Handhabung verursacht worden sein?

Die Aussagen Isaacs sind nicht sehr ergiebig und enthalten keine technischen Beschreibungen. Seine Erklärung erinnert mich an eine UFO-

Zwei UFO-Drohnen beim Überqueren von Stromleitungen. Waren sie die Ursache für die Sichtbarkeit?

Foto eines unbekannten „Bumerang-Objektes" in den USA, das erst nach einem Blitzeinschlag sichtbar wurde.

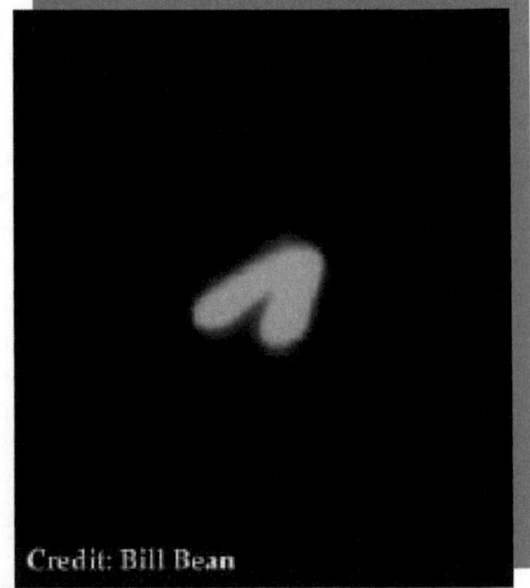

Skizze dieses unbekannten „Bumerang-Objektes", angefertigt vom Zeugen.

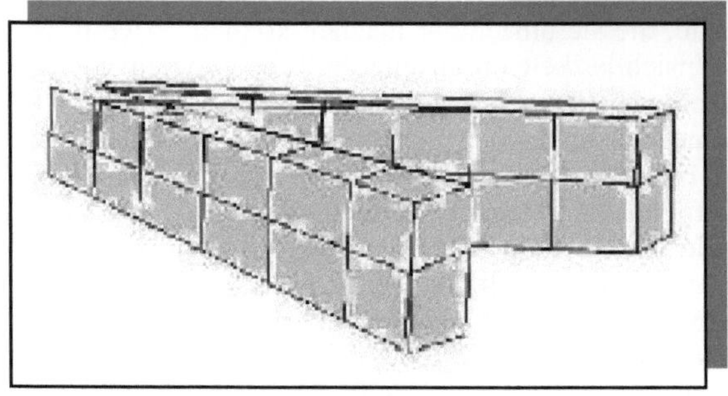

Sichtung, die ich im Jahr 2009 unter der „Überschrift Bumerang-Objekte in den USA" im DEGUFORUM 61 [Ha] veröffentlicht habe: „Im Internetportal der amerikanischen UFO-Forscherin Linda Moulton Howe [Ho2] schrieb ein Zeuge namens Jackson: *Mein Nachbar und ich beobachteten etwa 1997 (genau wissen wir es nicht mehr) in Jacksonville, Florida, ... ein Gewitter, das sich von Horizont zu Horizont erstreckte. Einer der Blitze hielt an, statt wie vorher über den ganzen Himmel zu zucken. Auf einmal materialisierte an dieser Stelle, wo der Blitz endete, ein bolzenförmiges Objekt, aus dem auf einer Seite ein weiteres Ende herauswuchs, so dass am Ende ein riesiges V-förmiges Objekt am Himmel stand. Der Blitz hatte ganz eindeutig mit der Sichtbarwerdung des Objekts zu tun. Es taumelte zunächst und stieg dann auf, um hinter den Wolken zu verschwinden. Die Größe war überwältigend; es gab kein Geräusch und keinen Antrieb. Wir standen still – vollkommen überwältigt. Es dauerte 30 Sekunden, die uns wie eine Ewigkeit erschienen. Wegen der gigantischen Größe kann es kein irdisches Geheimflugzeug gewesen sein.'*

3.3 Die UFO-Drohne – kein Maschinenbauteil

Wenn wir davon ausgehen, dass die Bilder nicht am Computer generiert wurden, dann müssen sie als Maschinenbauteil irgendwann einmal hergestellt worden sein – entweder von Außerirdischen oder eben von Menschen, wenn man unterstellt, dass die UFO-Drohne eine Fälschung ist.

Die Globalisierung hat sich bei der Beurteilung der Echtheit der UFO-Drohne als Vorteil erwiesen. Mit Hilfe des Internet sind die Bilder um die ganze Welt gewandert und wurden nicht nur in den westlichen Ländern bestaunt, sondern auch in Asien, Afrika usw. Die Teile sind relativ kompliziert aufgebaut und wären aufwändig zu fertigen, selbst wenn dies nur zu Fotozwecken geschehen wäre. Irgendjemand hätte die Teile erkennen müssen, wenn sie bereits vorher für irgendeinen Zweck hergestellt worden wären. Das Objekt enthält kein bestehendes oder bekanntes Maschinenbauteil, und ist auch nicht für irgendeinen Film jemals hergestellt worden. Welchen Sinn sollte es machen, mit hohem Aufwand diese Objekte herzustellen, ohne einen Zweck zu verfolgen, sei es für einen Film oder eine noch zu erfindende Maschine? Auch aus diesem Grund schlussfolgern wir, dass die UFO-Drohne „echt" ist, mit anderen Worten, sie stammt aus der Werkstatt außerirdischer Besucher und nicht aus der Werkstatt eines irdischen Bastlers. Wie sie von dort aus in die Hände des amerikanischen Militärs gelangt sind, das ist eine andere Sache, für die unsere Phantasie nicht ausreicht.

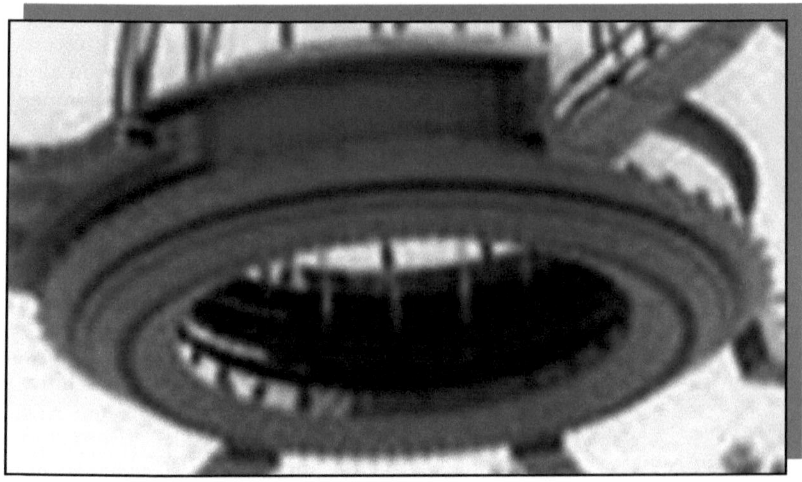

Kein Maschinenbauteil!

4. Offene Fragen
von Dr. Peter Hattwig

4.1 Ungereimtheiten

Beim aufmerksamen Leser wird die Lektüre Fragen hinterlassen, und es gehört zur Vollständigkeit des Buches, auf Ungereimtheiten aufmerksam zu machen.

An der Glaubwürdigkeit der technischen Ausführungen „Isaacs" haben wir als Autoren nicht den geringsten Zweifel, unklar ist aus unserer Sicht jedoch die Frage, wer für die Flüge der UFO-Drohnen verantwortlich zeichnet. Bei unkritischer Betrachtung könnte das Buch als Ganzes zur Annahme verleiten, dass alle Sichtungen durch Testflüge des amerikanischen CARET-Instituts verursacht worden seien. Die in UFO-Kreisen kaum beachtete Meldung, dass ein Abduzierter eine UFO-Drohne gesehen habe (Fall 15), passt überhaupt nicht zu den anderen Fällen. Einerseits erwecken sämtliche Sichtungsmeldungen sowie der Bericht von „Isaac" den Eindruck, dass militärische Kreise in den USA mit außerirdischer Technologie „herumgespielt" haben, andererseits berichtet der bereits in den 80er Jahren von den Grauen Wesenheiten „besuchte" Schriftsteller Whitley Strieber, dass er eine UFO-Drohne gesehen habe [St]. Daher ist es naheliegend anzunehmen, dass die Sichtung kein Zufall war, sondern mit einer ganz bestimmten Absicht zustande gekommen ist. Whitley Strieber ist von den „Piloten" oder Betreibern der UFO-Drohne gezielt gesucht und möglicherweise auch abduziert worden, ohne dass er dies bemerkt hat, ein Vorgang, hinter dem mutmaßlich die

Graue Wesenheit, hier mit einer Atemschutzmaske, die bei Abduktionen beobachtet werden. Aquarellzeichnung nach einer wahren Begebenheit. © Caroline Lacson

erwähnten Grauen Wesenheiten stecken. Daraus folgt wiederum, dass das amerikanische Militär vielleicht doch nicht für alle aufgezählten Sichtungen verantwortlich war.

Das ist ein Gedanke, der keinesfalls im Widerspruch zu den Ausführungen von „Isaac" steht, denn dieser hat nie behauptet, dass sämtliche UFO-Drohnen, die bis zu seinem öffentlichen Bekenntnis bekannt waren, aus den Labors von CARET stammen und zu Testzwecken in die Luft gesendet wurden. Man könnte durchaus auch annehmen, dass nur zwei der Objekte, die ich als „Typ B" (Fall 4 von und mit „Mr. Smith") eingestuft habe, Experimentalflugobjekte waren, die „draußen" in der freien Natur fliegen durften. In beiden Fällen wurden verdächtige Fahrzeuge und Personen in der Nähe beobachtet. Es ist also durchaus denkbar, dass die UFO-Drohnen von „Chad", Lake Tahoe, „rajman" und besonders die beiden Meldungen aus dem Big Basin von Außerirdischen „spazieren" geflogen wurden, den gleichen, die auch Whitley Strieber besucht haben. Besonders „Chad" macht sich verdächtig, wenn er sagt, dass er die Objekte etwa acht Mal gesichtet habe. Das ist eine Häufigkeit, die kein Zufall mehr sein kann, sondern mit seiner Person zu tun hat. „Chad" wurde gesucht und gefunden. Unter diesen Voraussetzungen wäre auch klar, woher die UFO-Drohnen kommen: von den Grauen Wesenheiten. Zu dieser Annahme gibt es wiederum ein Gegenargument, denn „Isaac" schreibt, dass das Objekt von „rajman" Teile enthalten habe, die auch beim CARET-Institut untersucht worden seien. Das sind nicht unbedingt Widersprüche, aber Feststellungen, die zu beachten sind.

Die Aktivitäten des CARET-Instituts hinterlassen sofort eine weitere Frage: Wäre es nicht naheliegend, Versuche mit außerirdischen Flugobjekten auf dem Versuchsgelände von Area 51 durchzuführen, wo weder Spaziergänger noch Radtouristen die Flugexperimente stören können? Ist es nicht abwegig, ein derart brisantes „Spielzeug" in frei zugänglichen Naturschutzgebieten fliegen zu lassen, noch dazu in der Nähe des Großraums der Millionenstadt Los Angelos, wo der Verlust eines derartigen Flugobjekts aus Sicht der Betreiber verheerende Auswirkungen haben müsste, wenn es in falsche Hände geriete oder zerstört werden würde?

Das ist eine Frage, die ich mir von Anfang an gestellt habe und die ich mir bis heute nicht beantworten kann.

4.2 Woher hat das amerikanische Militär
die UFO-Drohnen?

Es gibt eine noch spannendere Frage: Woher hat das amerikanische Militär die Objekte? Weder finden wir eine Antwort darauf, noch können wir mutmaßen, und „Isaac" sagt es uns auch nicht, da das Thema bei CARET sehr restriktiv behandelt wurde, wie er selber berichtet hat. In meinem Vorwort habe ich mehrere Begegnungen oder Abstürze aufgezählt, in denen die Amerikaner mutmaßlich Zugang zu außerirdischer Technologie hatten – ob die Fälle tatsächlich in der geschilderten Weise stattgefunden haben oder auch nicht und ob die Amerikaner dabei außerirdisches Material erbeutet haben, das ist kaum beweisbar, und das mag jeder Leser für sich beurteilen.

Die Vorstellung, dass die Amerikaner abgestürzte UFO-Drohnen gefunden haben, ist nicht abwegig. Sie wurden vom Militär geborgen, haben bei näherer Betrachtung neugierig gemacht, und als feststand, dass sie nicht von dieser Welt stammten, beschlossen sie, die dahinterstehende Technologie zu erforschen, um einen wirtschaftlichen Vorsprung ihres Landes vor dem Rest der Menschheit zu sichern.

Es ist jedoch noch eine andere Quelle denkbar: Die Amerikaner hatten Kontakte mit Bewohnern anderer Welten, siehe das im Vorwort erwähnte Treffen von Präsident Eisenhower mit Außerirdischen, die leider nicht gepflegt wurden, eine Chance, die durchaus beklagt werden kann, denn hierdurch hätten sich ungeheure Chancen für die Menschheit ergeben, nicht nur in technologischer Hinsicht. Sie wurde vertan, aber wer weiß, ob das nicht sogar ein Gebot war, zu dem es keine Alternative gab.

Die anderen Nahbegegnungen, die im Vorwort erwähnt werden, sind die Abduktionen. Bob Lazar, der behauptet hatte, dass in Area 51 diskusförmige Flugobjekte stünden, an denen er gearbeitet habe, hatte die schwerwiegende, jedoch unbeweisbare Behauptung in den Raum gestellt, dass einflussreiche Kreise in den USA die Abduktionen geduldet haben, wenn sie im Gegenzug von den Außerirdischen mit Technologie versorgt würden [La]. Als erklärter Gegner jeglicher Verschwörungstheorien komme ich jedoch nicht ganz an diesem Gedanken vorbei. Es wäre eine einleuchtende Erklärung, dass den Amerikanern nicht nur abgestürzte Fundstücke zur Verfügung standen, sondern ganze Ausrüstungen von Flugobjekten mitsamt ihren Steuerungsorganen.

4.3 Wo bleibt der technologische Fortschritt?

In der Einleitung des CARET-Berichtes heißt es, dass es das Ziel dieser Untersuchung sei, ein besseres Verständnis außerirdischer Technologie zu erreichen und das im Zusammenhang mit kommerziellen Anwendungen und einer Nutzung im zivilen Bereich. Es ist das gute Recht der amerikanischen Forscher, außerirdische Technologie erst einmal für sich zu behalten, auch wenn man den Standpunkt vertreten könnte, dass das Wissen der gesamten Menschheit zur Verfügung stehen sollte und nicht nur den Amerikanern, in Anbetracht des Energie- und Rohstoffmangels und anderer Probleme sogar eine dringende Notwendigkeit.

Der CARET-Report wurde im Dezember 1986 verfasst und beruht auf einer wenigstens zehnjährigen Arbeit, wenn nicht noch mehr. Das bedeutet, dass vom Beginn der Arbeiten bis zur Veröffentlichung dieses Buches im Jahr 2014 geschätzte vierzig Jahre vergangen sind. Für die Entwickler technischer Anlagen ist das viel Zeit, in der nicht nur Prototypen entwickelt, sondern serienreife Produkte gefertigt werden konnten, wenn ich menschliche Maßstäbe anlege.

Was ist seit dieser Zeit geschehen? Im Kapitel 3.2 habe ich vier Stilelemente aufgelistet, die für die irdische Physik und Technik Neuheitswert haben: die Telekommunikation, die Antigravitation, die Kraftfernwirkung und das Tarnkappenfeld. Zum Beispiel enthält der Bericht die Aussage, dass die außerirdischen Objekte mit Antigravitation flögen. Die Realität offenbart jedoch, dass sich amerikanische Flugzeuge und Raketen wie eh und je ganz konventionell mit Hilfe von einfacher Maschinenbautechnik, Chemie, ein bisschen Aerodynamik und neuerdings auch durch Unterstützung von Elektronik in die Luft erheben. So ist es auch mit anderen Technologien, die von „Isaac" angesprochen werden. Man denke an die Telekommunikation, die zwar rasante Fortschritte gemacht hat, aber auf bekannten Technologien aufbaut, die zum Teil bereits vom deutschen Computer-Pionier Konrad Zuse entwickelt wurde.

Da tut sich ein Widerspruch auf, der zunächst nicht zu verstehen ist. Wo bleibt der technologische Fortschritt, den die Verfasser des CARET-Reports erzielen wollten? Müssten nicht die ersten Antigravitationsflugobjekte durch die Lüfte fliegen? Macht es für die amerikanischen Flugzeughersteller noch Sinn, auf Basis bekannter Technik einen Wettstreit mit Airbus zu liefern? Selbst technologische Meisterleistungen wie der Tarnkappenbomber beruhen auf bekannter Technik, die in den Grundzügen bereits bei der deutschen Luftwaffe in den vierziger Jahren zum Einsatz kamen. Mit anderen Worten, es gibt keine praktischen Anwendungen der im CARET-Report beschriebenen Technologien.

Ich ziehe daraus die Schlussfolgerung, dass außerirdische Technologie auf anderen Grundlagen beruht als die irdische. Die Physik ist die gleiche, aber sie ist nur ein Teilaspekt der Wirklichkeit.

Die Autoren

Dr.-Ing. Peter Hattwig ...

... wurde 1941 in Schlesien geboren und verbrachte nach der Vertreibung seine Kindheit in Nordhessen. Er studierte Maschinenbau an der Technischen Universität Braunschweig und promovierte später in einem Thema der Automobiltechnik. Er ist verheiratet und hat zwei Kinder. Die meiste Zeit seines Berufslebens war er als Diplomingenieur in der Forschung und Entwicklung des Volkswagenwerkes beschäftigt. Jetzt lebt er in Bremen und hat die Zeit, sich seinen Steckenpferden, den Grenzwissenschaften zu widmen. Schwerpunkte seiner Arbeiten waren neben der UFO-Forschung die physikalische Erforschung von Orbs, die Präastronautik und Anomalien in Kornkreisen. Er ist Autor des Buches „Orbs—Analyse eines Rätsels".

Peter Hattwig ist Mitglied der Deutschsprachigen Gesellschaft für UFO-Forschung e. V. (DEGUFO), der Gesellschaft zur Untersuchung von anomalen atmosphärischen und Radar-Phänomenen e.V. (MUFON-CES) sowie des Forums für Grenzwissenschaften und Kornkreise (FGK).

Dr.med. et Dipl.-Phys. Jens E. H. Waldeck ...

... wurde am 24.07.1949 in Straubing (Bayern) geboren. Er studierte Physik, Philosophie und Humanmedizin an der Johann-Wolfgang-Goethe-Universität in Frankfurt am Main und wurde in einem Thema der Medizinischen Semasiologie promoviert. Diplomierung am Institut für Theoretische Kernphysik bei Prof. Greiner in einem Thema zur Heisenbergschen Weltgleichung. Am Beginn des Berufslebens war er als Assistent bei Prof. Greiner beschäftigt. Die meiste Zeit war er selbständig als Arzt im Bereich Allgemeinmedizin tätig. Er lebt gegenwärtig in Frankfurt am Main und hat die Zeit, sich den unterschiedlichen Bereichen in den Grenzwissenschaften zu widmen. Hierbei haben sich der Integrale Ansatz nach Ken Wilber und die Prozessontologie nach Wolfgang Sohst als fruchtbar erwiesen.

Jens Waldeck ist Mitglied der Deutschsprachigen Gesellschaft für UFO-Forschung e.V. (DEGUFO), der Gesellschaft zur Untersuchung von anomalen atmosphärischen und Radar-Phänomenen e.V. (MUFON-CES), des Forums für Grenzwissenschaften und Kornkreise (FGK), des Physikalischen Vereins in Frankfurt und des Forschungskreises für Geobiologie Dr. Hartmann e.V.

Verwendete Literatur

[Am] Ammon, Danny: „Der CARET-Report – Beleg für außerirdische Drohnen?" in „jufof – Journal für UFO-Forschung", Nr. 174, 2007

[CC] http://www.coasttocoastam.com/

[El] Elmer, Luzius: „Das Treffen des US-Präsidenten Dwigt D. Eisenhower mit Außerirdischen", UFO-Nachrichten, Obergünzburg

[Fr] Franke, Herbert W.: „Informationstechnik" in „Popp, Schüll: Zukunftsforschung und Zukunftsgestaltung"

[Go] Good, Timothy: „Top Secret – Die UFO-Akten", Droemer Knaur, 1999

[GWA] http://www.grenzwissenschaft-aktuell.de

[Ha] Peter Hattwig: „Bumerang-Objekte in den USA" in DEGUFORUM 61, 2009

[Ho] Howe, Linda Moulton in http://www.earthfiles.com/

[Ho2] Linda Moulton Howe in http://www.earthfiles.com/news.php?ID=1522&category=EnvironmentSt

[Hy] Hynek, J. Allan: „UFO Report - Ein Forschungsbericht", Goldmann-Verlag, 1978

[La] Lazar, Robert Scott: Video bei http://www.youtube.com/watch?v=IJolFbj8nc4

[Ma] Mack, John E. : Entführt von Außerirdischen, bettendorf 1995

[MU] http://www.mufoncms.com/files/9840_submitter_file1__2002-07-2600012.jpg

[St] Strieber, Whitley in http://www.unknowncountry.com

[UC] http://www.ufocasebook.com/anonymousstrangecraft.html

[UC] http://www.ufocasebook.com

Bildquellennachweis

Titelbild: Peter Hattwig
UFO-Drohne aus http://www.coasttocoastam.com/gen/page2022.html?theme=light

Seite 11 bis 13
http://www.coasttocoastam.com/gen/page2022.html?theme=light

Seite 14 + 15
http://www.ufocasebook.com/strangecraftlaketahoe.html

Seite 16 +17
http://www.earthfiles.com/news.php?ID=1252&category=Environment

Seite 18 +19
http://www.earthfiles.com/news.php?ID=1253&category=Environment

Seite 20
http://www.ufocasebook.com/bigbasin.html

Seite 21 bis 23
http://www.earthfiles.com/news.php?ID=1270&category=Environment

Seite 24
http://www.earthfiles.com/news.php?ID=1265&category=Environment

Seite 26
http://www.ufocasebook.com/anonymousstrangecraft.html

Seite 28
http://www.earthfiles.com

Seite 30
http://www.mufoncms.com/files/9840_submitter _file1__2002-07-2600012.jpg

Seite 31
http://www.UFOcasebook.com

Seite 32 +33
http://www.ufocasebook.com/2009c/sanrafael.html

Seite 34
http://www.unknowncountry.com

Seite 36
http://www.earthfiles.com/news.php?ID=1270&category=Environment

Seite 36
http://www.ufocasebook.com/anonymousstrangecraft.html

Seite 37
http://www.earthfiles.com/news.php?ID=1270&category=Environment

Seite 38
http://www.earthfiles.com/news.php?ID=1252&category=Environment

Seite 38
http://www.ufocasebook.com/2009c/sanrafael.html

Seite 40
http://www.stepmap.de

Seiten 51, 52, 53, 54, 55,59,63, 64, 67, 68, 69, 70, 71, 72
http://www.earthfiles.com

Seiten 82
http://www.bundeswehr.de/resource/
oder über „Bundeswehr/Wilke"

Seite 83
Foto H.-J. R.

Seite 83
http://www.gizmag.com/flying-wing-vtol-uav/13962/

Seite 84
http://www.earthfiles.com/news.php?ID=1270&category=Environment

S 85
http://www.YouTube.com

Seite 86
http://www.youtube.com/watch?v=XIfr12XhrZE&mode=related&search=

Seite 87
http://www.youtube.com/watch?
v=FRv3WAEnHMc&mode=related&search=

Seiete 88
http://www.youtube.com/watch?
=XJiCxWUlgcY&mode=related&search=

Seite 89
http://www.coasttocoastam.com/gen/page2022.html?theme=light

Seite 89
http://www.youtube.com/watch?
=XJiCxWUlgcY&mode=related&search=

Seite 91
http://www.randomhouse.de/heyne/

Seite 91
http://stargate-project.de/stargate/index.php?seite=tech_sg1&tech=20

Seite 93
Bild: byonthefence and members of OMF

Seite 98
http://www.earthfiles.com/news.php?ID=1522&category=EnvironmentSt

Seite 99
http://www.coasttocoastam.com/gen/page2022.html?theme=light

Seite 100
Aquarell Caroline Lacson
http://caroline-lacson.npage.it/bilder-pictures.html

Seite 106
Foto Peter Hattwig

Seite 107
Foto Jens Waldeck

FSC
www.fsc.org
MIX
Papier aus ver-
antwortungsvollen
Quellen
Paper from
responsible sources
FSC® C105338